U0303593

MEETINGS WITH
REMARKABLE
TREES

英伦寻树记

〔英〕托马斯·帕克南 著

胡建鹏 译

商务印书馆
The Commercial Press

2019 年·北京

Meetings with Remarkable Trees

Text and photographs © Thomas Pakenham 1996

First published by the Orion Publishing Group, London

中文译本根据伦敦奥利昂出版集团2003年英文版翻译，由商务印书馆·涵芬楼文化出版。

涵芬楼文化　出品

目 录

前言·1

SYLVA
BRITANNICA
OR PORTRAITS
OF
FOREST TREES
TO
JOHN, DUKE OF BEDFORD
RESPECTFULLY DEDICATED
BY
HIS GRACE'S DUTIFUL SERVANT
Jacob George Strutt
1822

《席尔瓦大英百科全书》卷首插画，雅各布·斯特拉特，1826年

前　言

我最爱的60棵树

这本写树的书一反常规的范式，不教你如何识别树木，更不教你如何种树。我很主观地选了60棵树（其中有些是成组的树），这些树别具一格，大都体型巨大、历史久远，而且都有很强的个性。

我曾经试图用笔和照相机记录这些活生生的（或行将死亡的）具有丰碑意义的树。我认为，自从1826年雅各布·斯特拉特的《席尔瓦大英百科全书》出版以来，迄今从未有人创作一本记录英国的树体肖像的书。当然，那时鲜为人知的艺术家斯特拉特尚未享受到照相机所带来的便宜。

这本书的源起可以追溯至我自身的两次经历，或者说邂逅。第一次是在爱尔兰的老家，第二次在中国。

我一般不会跟树拥抱的，但是在1991年1月5日晚上，我破了例。此前连续三天，爱尔兰电台的天气预报员一直在跟踪报道大西洋气压系统中出现的一个有趣的洞。我认为他用过于轻松的语调预报说，一场强暴风雨将于1月

6日清晨席卷爱尔兰。我在5日傍晚出门来到花园里，站在那里打量着那一棵棵古老的水青冈：共19棵，我猜它们差不多有200岁了，有100英尺（约30.48米）高。之前为什么我没有更加细致地把它们一一看遍？那个傍晚万籁俱寂，西天上有一块红晕，想必会让牧羊人欣喜非常吧。我悲观地相信了天气预报员的话。我拿卷尺一一测量它们表皮光滑、层生地衣的树身，然后把测量结果都记在笔记本上。然而没有一棵破纪录。它们都是我们家族五代人的好朋友。我每测量一棵树都会给它一个拥抱，好像说"今晚好运"。

第二天早上，我被如大海呼啸般的噪声惊醒，发现只刮了一阵狂风，不是飓风。真是虚惊一场，我愚蠢地认为。我来到花园里，踏着刮断的枝杈发出嘎吱嘎吱的声响，发现最高的那棵水青冈躺在地上，像一位阵亡的哨兵。那一天一夜，狂风毫不示弱，电话里不断传来伤亡的消息（说来也怪，电话线竟然可以幸免）。我们家有两棵最老的水青冈横倒在主干道上，

被伐木工留下的唯一一
棵巨大的古树——树围
为33英尺（约10.06米）的
铁杉，生长在中国云南

正在被消防员切割。另有一棵阻断了后车道。还有一棵差点儿就把畜舍拱门堵住了。我出去来到一块宽阔的绿地上，站在我敢站的、离它们最近的地方，观察这些树是如何直面狂风的折磨。阵阵狂风如同击打船头的巨浪一般，袭击每一棵树或树丛。

这让我想起了曾经在北海的一场风力十级的暴风雨中度过的一个夜晚，当时我坐在一艘来自洛斯托夫特港的拖网渔船的船桥上。当你想到船头再也抬不起来的时候，会有片刻的挣扎，接着船身拱起，伴着一声震颤的巨响，浪花从船头栏杆飞溅到船尾。在公园里，每当一阵狂风横扫一棵水青冈时，我都以为它会被刮倒，可结果它却会拱起身子，安然无恙。在暴风雨结束之时，我们就听说已经有12棵高大的老水青冈被连根拔起。

第二次邂逅发生在1993年11月，当时我正在中国西南部的云南寻找植物。云南不仅美得让人窒息，而且拥有世界闻名的植物宝藏。云南西部的植物种类是整个英国和爱尔兰总和的十倍还多。我们花了三周时间在山峰高达23 000英尺（约7010.40米）山峦起伏的边境寻找枫树、花楸和桦树——同时要不断地躲避伐木卡车。有一天，载我们的卡车把我们拉到一片长满巨型杜鹃花跟刺柏的高原上。沿着一条

小径步行半个小时，我们被带到了一棵巨型云南铁杉（*Tsuga dumosa*）面前。树形巨大，齐胸高处的树围有33英尺（约10.06米），于是一位老人在树根之间搭了一间小木屋。但是在我回家之后，我才猛然意识到它的最奇特之处。它是第一棵——也是最后一棵我们在整个云南的荒野中所发现的巨树。所有其他那些巨大而古老的树（长在佛家寺庙围地之外的）已被伐木工砍掉。然而这个在云南西南地区独一无二的巨型云杉，至少在木材体积方面可能比在英国或爱尔兰的精致的公园中所常见的水青冈还小。

从这两次经历中，我得到的启发是一样的。我们往往对自家巨大而古老的树不大当回事。可是待到它们倾倒的时候，我们又感到一种丧亲之痛。但是我们不需要爱尔兰的一场大西洋暴风雨，或是一场像英格兰南部在1987年和1990年所遭受的那种飓风，又或是像将纽伯里的心脏撕裂开来一般的新绕城公路来教育我们要懂得珍惜古树。

正如奥利弗·拉克姆所示，在英国和爱尔兰，我们所继承的古树遗产要比西欧任何其他民族都要富饶。法国人以一流的效率将自己的古树遗产砍伐殆尽。（生长在穆兰附近的特龙赛森林的那些300岁的老树是例外，它们有幸被冠以那些杰出的法国人的名字。"贝当元帅"是

1918年起的，最近新取名为"抵抗英雄"。）相比之下，我们自莎翁时代就对老树情有独钟——抑或是我们认为如此。

为了这本书，我踏遍了英国和爱尔兰各地进行调研。我看到花园和植物园之外有许多古树无人照管。多年前安置的用来阻挡马、牛、羊的篱笆经常被损坏，失去了效力。我并不责备土地的主人。通常照管树木的工作不是他们的分内之事。而且他们也得不到多少政府的资助。这本书中有树牌的树寥寥无几，被全国地形测量局所记录过的古树也是凤毛麟角。为这些自然界里的丰碑而费力伤神的历史学家更是寥若晨星——尊敬的奥利弗·拉克姆跟基思·托马斯爵士是特例。

然而古树是活文献：它们死后，若树心不空，其年龄可根据年轮而确定；即使树心空了，确定其年龄也可能比确定一座建筑的年龄更容易。最令我沮丧的发现，莫过于那些曾经名噪一时、呵护有加的千年古树如今却被抛弃，任由其自生自灭，正如坎布里亚郡洛顿和博罗代尔的那些红豆杉，树皮都快被当地的羊群啃光了。

其实这种对古树的冷漠是对眼下兴起的尊敬环境风潮的莫大嘲讽。思考下这些活生生的事实，栎树、榉树还有水青冈是我们这里的本土巨树，是这些岛上最大的生命体：比任何一种陆地上的动物都重，比大部分建筑物还高，比许多历史悠久的纪念碑都古老。如果一棵大树不再是一个活的有机体，那么它依然是一个奇特的物体。一棵大的栎树或水青冈可以重达30吨，覆盖面积可达2000平方码（约1672.25平方米），树枝树杈接起来有10英里（约16.09千米）长。每棵树每年可将几吨水运输约100英尺（约30.48米）的距离并释放到空气中，还会新长出十万片叶子和面积为半英亩（约2023.43平方米）的树枝。然而树木终究是活的生物，无法批量生产：通过繁殖产生的每棵树都拥有不同的姿态——我们一眼就能看出来。

我们只有在生长着数以百万计的树的地方才能发现更多这样惊人的

右页图：位于赫里福德郡克罗夫特城堡的无梗花栎树王，树围37英尺（约11.28米）

树。我们理所当然地认为，它们是自然界里的奇观，为乡村绿地遮光蔽日，成群结队地生长在公园里，还是陆地风景中的主角。

过去我们一直很是洋洋自得——结果却很悲惨。仔细看看过去两个世纪的画家所记录的英格兰南方地区的景色吧：康斯太布尔笔下的索尔兹伯里地区和透纳笔下的佩特沃思地区。欧洲野榆是当时这些风景中的主角，丁尼生在诗中将其描述为"往昔不可追"。如今我们已难以记起那些景色。

那些树遭受了灭顶之灾，几乎跟渡渡鸟一样绝迹了（只有生长在布赖顿附近的顽强者幸存下来了），死于一只无意间从北美洲被带来的小蠹所携带的真菌。

我是如何挑选出这60棵树，并将其分类以完成这本书的呢？任何一位爱树的人都会有不同的选择方式。但是我用我的选择方式从几千棵树中进行了挑选。这60棵树在年龄、大小、形态、历史价值以及用途等方面都是令人赞叹的。我在挑选这些树时，就跟选编者从其文学作品中采撷精华，建筑作家精选出自己的1000座最优秀的建筑一样。我为自己制定的挑选原则只有两条：所有入选者必须生长在英国或爱尔兰（底部死的亦可入选）；入选者也必须得上镜——至少得能让我的相机拍摄到。粗略地算来，入选者中有2/3是本土树种，1/3是产自欧洲

或东美洲和北美洲的外来树种。而在所选取的30余个树种中，本土树种只有6种。植物学家通常认为这6个树种是当地土生土长的——也就是说，在最后一个冰期之前，它们是在无外力的帮助下来到英国的。但是长得最大、活得最长的正是这6种树：夏栎、欧梣、欧洲水青冈、欧洲红豆杉、欧洲赤松和欧洲桦。第7种巨树无梗花栎（*Quercus petraea*）常见于英国西部和爱尔兰南部，未被包括进来。为了表示我的敬意，我选进来一张无梗花栎树王的照片，它生长于赫里福德郡克罗夫特城堡，最低矮的树枝之上的树身周长为37英尺（约11.28米）。

我所选的树种类繁多，既有生长在林肯郡的、长有树洞的"鲍索普栎树"，又有生长在罗西莫库斯的古老欧洲赤松，罗西莫库斯是喀里多尼亚森林的遗址。在名为"外来者"的那一章节中，我所挑选的外来树种主要产自北美洲。这些树是英国和爱尔兰树林中的新生代树王，取代了几百年前那些从欧洲引进的树王。最高的花旗松有212英尺（约64.62米），位于邓凯尔德的赫米蒂奇，是这些岛上历史记录中最高的树。说不准它有一天可能会长到300英尺（约91.44米），这是该树在它俄勒冈州老家所能达到的高度。此树尚未超过100岁，耸立的姿态如同太空火箭。在最后一章"幸存者"中，我拿生长在温莎的"征服者威廉的栎树"这样的

古树来跟一棵惊人的来自中国的新树种水杉做了下比较。这个新树种是1941年被一位日本古植物学家当作化石种发现的。过了仅仅几个月，人们在中国西南部的一个偏远的山谷里发现了活着的水杉。今天生长在剑桥植物园里那些70英尺（约21.34米）高的水杉只有48岁[1]，但是已经长出老树才有的疙疙瘩瘩的根系。"征服者的栎树"300年来一直挣扎在死亡的边缘，但是巨大的树冠上依旧长满了新绿的叶子。

参观这些树，漫步在翠绿如盖的枝叶下，就如同朝谒一座神秘的圣祠，小心翼翼地迈着轻轻的步伐。这些参天巨树都生有脆弱的根系。这绝不是危言耸听，说不准这就是你最后一次参观。没有谁敢说，如此巨大的树干能在下一场暴风雨中躲过一劫——也说不准它还能比我们多活几个世纪呢。

在搜寻并拍摄这些将凯里郡到泰赛德区的风景切断的树时，多亏了许多专家的见闻以及他们的友好与热情。艾伦·米切尔在这三方面给我提供的慷慨帮助无人能及，他多年来都是英国首要的树类专家，令人悲伤的是这本书没有完成他就谢世了。我听取了查尔斯·纳尔逊在植物学方面的意见和全面的批评，他原来是都柏林格拉斯奈文国家植物园的分类学专家。

其他我要尤其感谢的植物学家有马修·杰布、基思·卢瑟福斯、基思·兰姆、多纳尔·辛诺特、斯蒂芬·斯邦波格、托马斯·沃德以及戴维·亨特。我还要感谢皇家档案馆（温莎）和英国皇家植物园标本馆的工作人员、布伦特·埃利奥特以及皇家园艺学会图书馆的工作人员。我非常感谢肯尼斯·罗斯对本书的润色。

我必须感谢下列这些园主，他们慷慨地允许我拍树照：亚历克·布兰查德、弗莱德威力庄园的园主、戴维·赫顿-伯里、伦敦金融城、约翰和菲莉帕·格兰特、约翰·诺布尔、卡文迪什勋爵和夫人、林业局、曼斯菲尔德伯爵、全国托管协会、乔治·克莱夫、伊曼纽尔学院（剑桥）的研究员、布赖恩斯顿学校的校长、朱利安·威廉斯、赫利托管协会、罗斯都汉的主人、公共建设工程办公室（爱尔兰）、德莱尔勋爵和夫人、皮奇福德宅院的主人、维尔贝克庄园、比克顿学院、兰斯当侯爵、罗伯特·斯图尔特·福瑟林厄姆、汤姆·赫德森、鲍尔弗伯爵、丘陵山园林、皇家财产局局长、厄恩伯爵、德文郡公爵和公爵夫人、皇家植物园（邱园）、多塞特郡委员会、马奇伯爵和古德伍德庄园、斯托昂泽沃尔德圣·爱德华教堂的牧师和哈灵顿圣·彼得教堂的牧师。我也要感谢下列

1　编注：原书出版于1996年，文中所述的树龄均为当时的树龄。

这些指引我看最惊叹之树的园主：威灵顿公爵、托尔马什勋爵和夫人、比尔·肯博尔、已逝的阿索尔公爵和克罗默蒂伯爵。

我在完成这本书时施予我慷慨招待的朋友有：乔伊·布卢瓦-布鲁克、吉姆和芭芭拉·贝利、帕特里克和安西娅·福德、简·马蒂诺和威利·莫斯廷-欧文、艾丽丝和西蒙·博伊德、克里斯托弗和珍妮·布兰德、林迪·达弗林、莫伊拉·伍兹、理查德和奥利维娅·基恩、卡罗琳和盖索恩·克兰布鲁克、迈克尔和戴安娜·墨菲、理查德和利兹·斯卡伯勒、詹姆斯和艾莉森·斯普纳、杰克和朱莉安·汤普森、帕特里克和凯特·卡瓦纳、琳达和劳伦斯·凯利、特里西娅和蒂莫西·当特。我尤为感激伊迪丝·斯平克和戴安娜·罗恩·洛克菲勒，他们让我去北美洲植物园的路径畅通顺利。下列这些朋友给了我满满的建议和安慰：贝勒·哈罗德、马克和多萝西·吉鲁阿尔、内拉和斯坦·奥普曼、皮利·考埃尔、莫里斯和罗spl-玛丽·福斯特、利亚姆和莫琳·奥弗拉纳根。我的家人像往常一样慷慨过了头。本书大部分内容我父母都进行了阅读并给了批评意见，还帮着挑选照片。在我39个兄弟、姐妹、子女、外甥、侄子、外甥女、侄女、外甥外甥女家的孩子和侄子侄女家的孩子当中，我应该挑选出那

些给我特别帮助的人致以谢意：我的姐妹们，安东尼娅、朱迪丝和蕾切尔；我的兄弟们，帕迪、迈克尔和凯文；我的四个孩子，玛丽亚、伊丽莎、内德和弗雷德（封面照是他拍的）；我的干儿子本杰和他的妻子露西，她是一位优秀的摄影师。

我必须感谢安东尼·奇塔姆以及韦登菲尔德和奥赖恩的全体工作人员，他们不怕各种麻烦才让此书成为现实，尤其感谢埃玛·韦、理查德·阿特金森、尼克·克拉克、卡罗琳·厄尔和迈克尔·多弗。我再次向我的代理迈克·肖以及柯蒂斯·布朗的所有人致以感谢。不幸的是，乔·福克斯，我在兰登书屋的编辑也是朋友，我30年来的依靠，还没有看到书的打字稿他就去世了。我要向很多人表示极大的感谢，有时候是一些十足的陌生人，他们突然发现自己被暂时征用做摄影模特来测量树。我必须感谢我的朋友安杰洛·霍纳克，他第一个建议我要亲自去拍照。他告诉我林哈夫相机最能胜任，但"你不会用"。我自然无法抗拒这样的挑战。我如何报答我的妻子瓦莱莉呢？她本人对树并不痴迷，但她编辑此书的热情却愈加坚定。

榆树瘟疫中的幸存者：布赖顿的欧洲野榆

第一部分

原住民

弗雷德的栎树,《席尔瓦大英百科全书》,雅各布·斯特拉特,1825年

英国和爱尔兰的巨树

你曾是一个小玩意儿，一个杯球玩具，

婴儿爱跟你玩耍；

小偷松鸦寻找食物，

轻松熟练地盗走了你的红褐色坚果……

——威廉·柯珀，《亚德里栎树》，1791年

第10-11页图：弗雷德的"陛下"，英国的栎树王之一

弗雷德的隐姓埋名者

肯特郡的弗雷德栎树跟林肯郡的鲍索普栎树是英国和爱尔兰，大概也是欧洲最大的两棵夏栎（*Quercus robur*）。

两棵树都生长在夏季相对较温和的肥沃的农场上，体型大到叫人生畏：树围40英尺（约12.19米）有余，可谓栎树双王。在其他方面两棵树却截然不同。弗雷德栎树高大，却依旧美丽动人。鲍索普栎树更像是一个树洞，洞顶上长出若干树枝来（见第178页）。

我首先拜访了弗雷德，那是1994年1月一个阳光明媚的清晨。灌木丛林中生活着许多雉鸡，饲养它们的鸡棚就设在栎树后面。饲养员带我四处参观，这棵巨树是他的骄傲。

左页图：弗雷德栎树

我当时带了雅各布·斯特拉特于1820年代给这棵树画的素描。那时候它名叫"陛下"，很浪漫的名字，19世纪早期或更早就这么叫了。这样的称谓的确不错，尽管给君主的优雅平添了庞然大物的意味。"陛下"跟斯特拉特在174年前给它画的那幅肖像惊人的相同。你只需拿照片跟斯特拉特的版画比较一下，就能看出，期间此树似乎一根树枝都没少。版画展示的是它的南面。

走到树的北面，正对着你的是一个高高的树洞，树的主干整个都是中空的，里面的空洞大约30英尺（约9.14米）高。如果你从洞内往上看，能看到蔚蓝的天，正如你在一座破败的楼塔里往上看一样。

谁何时种的"陛下"？我询问过1英里（约1.61公里）外的乡村酒馆里的当地人。甚至没有一个人听说过这棵树。尽管这看上去十分不可思议，但"陛下"正隐姓埋名地生长在弗雷德。说到它的年龄，我猜它应该是中世纪种的，最晚也得伊丽莎白时代。要是两个世纪前达到成熟期的，那么几乎不可能晚于伊丽莎白时代。但是它真正的年龄无人会知晓，因为当时的那些房屋，那些自家草坪曾承蒙此树增辉添彩的乡绅早已先此树而去。

犹如瑟伯绘画中的树

欧梣（*Fraxinus excelsior*）不得不自寻生路，因为其后代贪得无厌，因而倍受园丁和护林员的厌恶。

每年数百万的欧梣翅果——长有细长翅膀的种子——飘落在路边。但是当它们在灌木篱墙下的荆棘间找到避难所之后，会给周围单调乏味的风景平添何等的雅致（如果没有常春藤跟它分享避难所的话，不过这种情况很少）。冬天，一棵巨大的欧梣拔地而起，如同一根灰色大理石柱，上面布满沟槽，发出新芽的黑树枝垂下来如同灰石膏织就的帷幔。

然而，萨默塞特郡克拉普顿庄园的欧梣没有丝毫刻意地装出高雅。它是因为鼓胀的树肚子而得名：离地面5英尺（约1.52米）高的地方的树围为26英尺（约7.92米），使它成了目前英国或爱尔兰的树围树王。

它配获得树王的金牌吗？常规测量高度之上的树干部分逐渐向上变小，形如鸡蛋或红宝石。或许应该因其奇形怪状而将它单独归为一类。这个门类里有很多大肚子梣树。

然而，我必须承认，它身上的一种超现实的特质弥补了它的这种任性的结构比例。其树皮有着石头般的纹理。伏在草坪上的它难道不像一块布满苔藓的巨卵石吗？或者（说得更恐怖一点儿）不像瑟伯画的某个巨型家庭宠物吗？

左图：克拉普顿欧梣

渴望不朽

两个世纪之后，当大部分水青冈要么死亡要么老态龙钟之时，红豆杉却还只是一棵幼树。生长五个世纪才到壮年期，有些甚至能活到1000岁。这就是我们本土的欧洲红豆杉（*Taxus baccata*）超凡的寿命，据我们所知，它是欧洲或亚洲最古老的生物。

在距离M25高速路1英里（约1.61公里）远的萨里郡坦德里奇的教堂庭院里面生长着一棵红豆杉，看上去跟教区居民一样有望不朽。临近地面的树围34英尺（约10.36米）多，往上分成三股大树干。树叶形成的天篷似的树荫枢衣一般罩住墓地的整个西区、坟茔及一切。其树枝触碰到地面就会生根，继而又蹿出新树。

坦德里奇的这棵老红豆杉得多少岁了啊？我问过树木学家艾伦·米切尔，他花了40年时间在英国和爱尔兰四处寻找各种树王。他回答说，"实践教给我的估算树龄的经验是大部分树看上去比实际年龄大，但红豆杉是例外，它们实际年龄比看上去大。"

为何不用数树干年轮这种简单的方法来解决树龄问题呢？要么用钻孔机在树干上钻孔，要么将树砍倒来数年轮，原则上都能够确定大部分树的出生年份。对于爱树之人，这两种方法都是不予以推荐的。但是钻孔机告诉我们，迄今发现的存活最久树的有4000多岁：一棵发育不良的长寿松，人称"老寿星"，长在加利福尼亚一座山的顶上。科学家们钻透其树干，数了数有4000多道圈年轮。斧头残忍而清楚地告诉我们，1852年在加利福尼亚发现后被伐倒的几棵巨杉已经活了3000多年。

然而，如果树木异常古老，那么这两种数年轮的方法都不奏效。我们这里潮湿的气候会让哪怕是最耐用的本土木材红豆杉的树心腐烂。因此坦德里奇红豆杉的树心里没有年轮，仅有一个直径为8英尺（约2.44米）的空心，空间大到能给一匹马当作马棚，亦可以停得下一辆汽车。理论上，我们可以做的无非就是钻透外面的树壳，数一数这些幸存年轮。估计年轮总数也就三四百，但是有些红豆杉木太坚硬了，钻孔机都钻不透，更无法被放倒。

在坦德里奇，其实还有额外的诱人的证据。考古学家们在西墙下——第一座教堂的遗址，发现了一个撒克逊人的墓穴被故意弄歪了。这样做是为了避开红豆杉的根系？如果是这样，说明这棵红豆杉是早于撒克逊人出现而种的——大概是凯尔特人崇拜树木的具体例证。然而，谁敢肯定说撒克逊墓穴挪移就是为了避

坦德里奇红豆杉

开一棵树，并且那棵树就是这棵红豆杉呢？

　　最好还是借助于艾伦·米切尔估算树龄的经验吧。它看起来1000岁，很可能实际年龄更大。凯尔特人可能把他们的祭祀者的头颅挂在它的树枝上。它也许能活到看见我们的子孙飞上火星的那一天。如果用"心生敬畏"这个词语描述它太过严肃，那么你可能更喜欢"哇哦"。

乡绅的手杖

大约在1745年，在韦斯特米斯的塔利纳利，长我七辈的先人，乡绅托马斯·帕克南在他自己的领地紧靠主干道的地方种植了12株夏栎树苗。

我能猜到他的动机。之前的数百年，战争、炼铁以及饥饿的人口已将爱尔兰大部分的天然林地消耗殆尽。当时，木材板材短缺甚至引起了恐慌，尤其是栎木板材，它是建造商船和皇家舰队的生命线。到了18世纪40年代，爱尔兰国会以现金补贴的方式鼓励乡绅们在庄园里重新种植栎树，将其作为一项爱国责任。

帕克南家族，跟大部分的爱尔兰绅士们一样，都是英国种植园主出身，因此他们很懂种植。此外，托马斯·帕克南还有值得庆贺的事情。他可谓青云直上：他才向朗福德当地的女继承人伊丽莎白·卡芙求爱就赢得了她的芳心。这样他不仅能够得到每年2000英镑的资助和伊丽莎白所掌控的选区，还有望作为她的丈夫在枢密院谋得一个席位并获得男爵身份。

总之，栎树长得秀颀挺拔。当朗福德的第一位男爵托马斯·帕克南埋入祖坟的230年后（也就是英国海军从使用木材到转而使用钢材的一个半世纪后），这些栎树已至壮年。眼下，其中最高的一棵栎树，从根部到精致的树冠顶端有109英尺（约33.22米），是爱尔兰共和国迄今所记载的最高的栎树。然而它最惊人的特征并不是树高，过于笔直的身姿让它能成为树之骄子。

它跟波特兰公爵的那棵名噪一时的栎树的规模近乎一样。那棵栎树生长在韦尔贝克，美其名曰"公爵的手杖"。在庆祝我们这根祖传的手杖250岁生日的这一年，我们在都柏林格拉斯内文的国家植物园里种了一棵5岁大7英尺（约2.13米）高的它的后代。

左页图：塔利纳利栎树

金县的栎树王

在1801年，年轻的爱尔兰贵族威廉·伯里，查尔维尔伯爵二世得到了一笔巨额赔偿金（他的敌人说是肥厚的贿款）——用于赔偿他因《联合法案》而被撤销的口袋选区的损失。他拿出这笔现金中的大部分数额在自己领地里的古栎树间建造了一座时尚的新城堡，他的领地在金斯郡（如今的奥法利郡）的塔拉莫尔旁边。为了向栎树致敬，他没有把自家的房子叫作查尔维尔城堡，而叫查尔维尔森林。那里早就长着一棵巨大的栎树了，人称"栎王"，如瞭望塔一般傲然耸立，俯视着通往城里的马车道。

眼下的查尔维尔栎王遭到过雷电的重创，但是依旧未被打垮。而城堡却失去了昔日亚瑟王时代的雄伟，被一位古怪的房客用一堵焦渣石墙隔在墙后面。无人知晓种此树者为何人——国王还是农夫——抑或是自发生长。但是它看上去应该是昔日那一大片夏栎林的后代，这片栎林曾横跨爱尔兰中部湿润的绿色平原。估计其年龄至少有400岁了，也可能是这个年龄的两倍。它最低矮的树枝以下的树围有26英尺

左页图：查尔维尔栎树

照片上右侧的一根树枝与地面平行，伸出30英尺（约9.14米）的距离

（约7.92米），因此是本国内最古老、最庞大、保存最好的栎树之一。

请看一下它一根根巨大手臂的跨度。照片上右侧的一根树枝与地面平行，伸出30英尺（约9.14米）的距离。伯里家族相信，如果有一根树枝掉下来，就会有一位家人死亡。因此他们用木头支柱将巨大的树枝撑了起来。然而他们在保护树干上却无能为力。1963年5月，一道雷电将主干从头到脚劈裂了。树好歹是活下来了，可是一家之主，查尔斯·霍华德-伯里上校，却在几周之后猝然离世。

大限已近的水青冈

沿着青草覆盖的斜坡走几分钟就来到我们祖传的手杖的南面，你会看到那里的两棵水青冈，它们的造型不仅跟那棵栎树迥异，而且彼此之间也各不相同。

第一棵是俊美大方的公园绿地水青冈的典范（见下图）。其树干拔地而起，犹如一座平滑的灰白石塔；树枝垂落如同喷泉喷出的水花。第二棵水青冈（见右页图）则是一棵截头树，矮壮，貌似蟾蜍。这棵树还幼小时，树干就被裁剪下来用作庄园的杆柱而严重致残。如今它的树枝成了树干，叠抱在一起，交错杂乱，形状怪诞。

这两棵树都是树王。真是机缘巧合，它们的树围测量值都是22英尺3英寸（约6.78米），分毫不差，因而成为英国及爱尔兰最粗的水青冈，不过都大限已近。

当上帝创造水青冈时，不知植物学家们是否认同我这样的表达，他创造了一件建筑杰作，将最坚固的结构与最精巧的细节融为一体。然而不知何故，他却忘记打牢树基。水青冈的根出了名的浅，而且鲜有活过200岁的。即便是年轻的水青冈，虽然从头到脚都是坚实的木材，但一阵风就可以将其吹倒。

我们这两棵资深老树应该是18世纪种的。从它们繁茂如翠盖的新叶来看，它们的根似乎足够发达，但我看也未必。在它们的树干靠下的地方有一个不祥的树洞。然而跟多数的老水青冈一样，它们仍保有年轻时光滑的肌肤——这种魅力是情侣和诗人所无法抗拒的。17世纪玄学派诗人，安德鲁·马弗尔写得好。他在《花园》这首诗里坦言道：

> 白还是红都不曾
> 赶上这可人的绿脉脉含情。
> 痴心的恋人，爱火一般残忍
> 在这些树里刻进他们情人的芳名。
> 唉，他们却不晓得，也没意识到
> 她们的美终究难敌这些树之美！
> 美丽的树啊！在我切开的你树皮的
> 　　伤口里只能找到你的美名。

我会坚决地保卫我的水青冈，不让情侣和诗人侵犯。

在阿卡迪亚

　　那只胆怯的野兔和嬉戏的松鼠在我周围雀跃，如同乐园里的亚当在拥有夏娃之前；但是我认为，他过去不常读弗吉尔，而我在这里却是经常读。

—— D.C.托维，《托马斯·格雷的信》，1900年，I.7-8.

（托马斯·格雷享受斜靠在伯纳姆水青冈园中一棵水青冈下的欢乐，

写给霍勒斯·沃波尔的信，1737年9月）

左页图：一棵古欧洲赤松俯视着罗西莫库斯的山谷，远处是本麦克杜伊山

原住民归来

在9月一个薄雾蒙蒙的傍晚，我的目光被这棵古欧洲赤松（*Pinus sylvestris*）的淡红色树根吸引住了。我当时正漫步在斯佩山谷年轻的松树林里，斯佩山谷在因弗内斯南50英里（约80.47公里）处。

跟本书中所选的大部分树相比，这棵树不算大，也不算老。但是它的"脚"却是大得很：庞大的根笨拙地叠成两层。外八字形的根站在沙砾小山坡上的野刺柏丛中，俯瞰山下的小溪。就其根的尺寸来看，我猜它有200岁了。风雨的侵蚀和冲刷使得根都露出了地面。不仅如此，人们还挖开沙砾，开辟出一条小径来。

它是喀里多尼亚森林里最后几棵野生欧洲赤松中的一棵。在两千年前，喀里多尼亚森林就似乎已经成为英国本土松林的唯一的幸存地。

这片森林所遗留下来的面积最大的部分在罗西莫库斯南部约15英里（约24.14公里）处。这里的一对200岁的欧洲赤松是我在几个月后拍摄的，它们生长在两条半冻住的支流的交汇处（我整个人都冻僵了）。这两棵松树的远处是一片广阔的帚石楠和桦树，经常有鹿来光

顾。这片年轻的野生松林屏障以外耸立着凯恩戈姆斯的最高峰本麦克杜伊山，海拔4500英尺（约1371.60米），是英国第二大高峰。

这些古松树还年轻的时候，这片森林的部分地区跟欧洲中部的森林一样荒芜。旅客在去因弗内斯的路上不得不遭受强盗与狼的双重夹击。但是在这些树的有生之年里，自然森林已日渐消失。松树沿着斯佩河谷漂流而下被英国人用作屋顶木梁和船舶板材。羊和鹿的过度啃噬阻碍了森林的自然再生。

但是最糟糕的情况似乎已经结束了。靠纳税人养肥的商业造林现在正是春风得意之时。现在羊和鹿被栅栏拦在外面了。一个世纪前我们看到的景象是"上面是鹿羊角，下面是庄稼地"，现在是"上面是松树，下面是黄牛"。最值得称赞的是，新森林中既有外来树种，又有本土树种。并非所有的本土松树都是人工种植的。有些领主——包括约翰·格兰特，罗西莫库斯的一位乐善好施的领主——坚持要让他们的松树自己繁殖。

树迷们甚至希望依靠恢复鹿的天敌——狼来控制其数量。

在这些古松将松果在帚石楠间播撒完之前，我们可能就会听到一群狼朝本麦克杜伊上空的月亮嚎叫了。

斯佩山谷的欧洲赤松

罗西莫库斯的拓荒者

我们最不放在心上的森林树种就是不屈不挠的欧洲桦，无论是高山、荒野还是停车场，它们都可以自由自在地生长。准确地讲，大部分植物学家们一致认为，欧洲桦主要是指垂枝桦（*Betula pendula*）和毛桦（*Betula pubescens*）这两种，但还包括数不尽的中间种。

冰原融化之后，使得桦树能抢先再度占领大英国和爱尔兰的优势是其粉末般精细、靠风传播的种子。任何其他的普通树种都不能每年产100万粒种子，而且每粒种子都可以风行数英里去拓荒出一片新的家园。

图中的这棵老树我是无意中发现的，它生长在罗西莫库斯的一片空地上，一两英里之外就是那一对生长在两河流交汇的欧洲赤松。在一片新树林形成的初期，松树和桦树是天然的盟伴，不过到头来松树会夺去洒向桦树的阳光而将其杀死。然而，这棵桦树却一直都在充分利用松林中这片被鹿啃稀的空地。我猜它已年逾百岁。它曾经银白色的树皮，如今已斑驳纵横，就像是被冰刮破的一样（那天我看到它时，它身上很多冰）。然而尚未有嫩叶破皮而出。这些交织在一起网络般的纤细的枝杈正在酝酿，待要鼓出一树苍翠的叶子，宛如膨胀的气球。

看着这棵饱受折磨、孤苦伶仃的树蹲伏在河边，让我们很容易忽视桦树扩散和适应环境的速度是何其迅速。如果苏格兰人将苏格兰还给大自然，那么最先抓住机会的树种将会是桦树，一片桦树林将会长满爱丁堡的大街小巷。

左图：罗西莫库斯的欧洲桦

伯纳姆让人尊敬的植物

　　希思罗机场西部几英里的地方，那片贫瘠的郊区突然被一片名为伯纳姆水青冈园的公家地所阻挡。如其名字所示，它远不只是一片公家地，而是一个被伦敦城精细看护的园林，里面杂有帚石楠和野草，散落生长着桦树和荆棘，古栎树和水青冈。

　　最西边生长着一棵严重致残的栎树，看上去是中世纪种的。附近生长着一些截头水青冈。这里简直是一片出乎意料的世外桃源。18世纪30年代，诗人托马斯·格雷就住在附近，他曾将这片公家地描述为"略带高山悬崖杂错之感"［无疑他是夸大其词，那里最高的山就是位于50英尺（约15.24米）深的砾石坑中的一个土丘］。他继续说："山谷跟小山都被最可敬的水青冈和其他可敬的植物所覆盖，就像大部分的古人迎风编造故事……"他说，他会花整个早上"长到树干"。

　　格雷的水青冈再也看不到了。不过他将其移栽到五英里（约8.05公里）外的斯托克波吉斯，并让它在他的诗作《田园挽歌》中获得了不朽。但是去年秋日的清晨，我给格雷的那些可敬的植物的后代拍摄了一些照片。这些后代散发着野生树的纯真气质。其实植物学家们认为，这里的水青冈，跟英国南部其他古水青冈林中的一样，都是原始水青冈的后代，原始水青冈是在终结于一万两千年前的最后一个冰期之后落户于此的。因此隐藏在那副纯真面具背后的是史前时期的求生意志。

右页图：伯纳姆的水青冈

第二部分

外来者

邓凯尔德的母亲树，雅各布·斯特拉特，1825年

走 出 欧 洲

　　遮在头上的是至高无上的林荫，有雪松、松、冷杉
还有枝叶舒展的棕榈……

——《失乐园》，第四卷

（米尔顿对环抱着伊甸园的那些外来树种的描述）

第34-35页图：尼曼斯的黎巴嫩雪松

邓凯尔德的母亲树

雅各布·斯特拉特在1825年为其作版画时它们才70岁，这些生长在珀斯附近邓凯尔德的落叶松已经在英国极负盛名了。在斯特拉特优美的版画（见第37页图）中，你可以看到它们：左边是破败的邓凯尔德大教堂，右边是当地地主阿索尔公爵二世种的两棵欧洲落叶松（*Larix decidua*）。

现在不妨将它们与现在的景色做个比较，我拍摄这张照片时正值1996年2月的一场暴风雪，我头后方的树枝被积雪压断，发出的咔嚓声让眼前的景色焕发了生机。

那棵大落叶松是250年前所种的五棵落叶松中唯一的幸存者，像戏剧演员一般将自己的胳膊向外伸展，俯视着右边的栎树和后面的大教堂。

人们叫它"母亲树"。它来的时候还是一棵幼苗，包在一个篮子里用驿站马车从伦敦拉回来的（离它初到英国有一个多世纪了），它没来之前，当地的人们几乎从未听说过这种树。公爵是当时珀斯最大的地主，他认为把它种在苏格兰最合适不过了。在不到二十年的时间里，

它的第一批球果被采集起来并再次进行播种。公爵四世逝世前，他可谓功绩赫赫，邓凯尔德周围贫瘠的山坡上种了有2700万棵落叶松。

几乎没有几位慈善家曾对当地的景观做出如此翻天覆地的改造，仅一个主意就把荒山变成一派欣欣向荣的景象。羊在哪里受饥挨饿，哪里的树木就会长得肥壮。落叶松的木材真是结实耐用——松树跟云杉都比不过——可用于建造船身。在唯美主义者眼里，它在冬天洒落松针时的美姿则同样重要。谁又能抵挡得住这类新型的针叶树的魅力：春天苍翠，秋日金黄，冬天瘦骨嶙峋。

落叶松的确跟英格兰最搭。它来自欧洲中部的高山地区，因此喜爱山坡上雨水浸透的小石子。生长在陡峭的阿尔卑斯山山谷而免遭大风的侵袭，故能树木参天，活数世纪。专家们称，在阿尔卑斯山脉的犹登淘生长着三棵2200岁的落叶松（这种断言的依据是据说在20世纪30年代有人测量过其中一棵树的年轮）。

我不指望母亲树真能活到2200岁。但是它活到看着我们都故去——农夫也好，公爵也罢——应该不成问题。

右页图：邓凯尔德的落叶松

斯特隆冷杉的新树冠

欧洲冷杉（*Abies alba*），产自阿尔卑斯山脉和比利牛斯山脉，是欧洲最高的本土树种。无人知晓是谁将其引进到英国的，但知道它是在大约1600年引进的。没过多久，其粗糙、长着直立树毛的轮廓——每次都会让人联想到马桶刷——就开始打破英国栎树和水青冈所勾勒出的柔和、翠绿和波浪起伏的天际线。但是特写镜头下的冷杉，像大部分的针叶树那样，会有一种粗犷之美。其树干呈银灰色，带尖刺的针叶具有光泽，上面呈暗绿色，下面是一道道的银色条纹。

阿盖尔郡斯特隆的那棵冷杉因其巨大的躯干和怪异的外形而历来备受人们赞誉。它还很年轻的时候，正值1745年前后的詹姆斯党叛乱，有个人（肯定是一个英国人）将它的头砍掉了。这棵树有着不屈不挠的生命力。它十根向上的树枝都长成了树干，像十只粗壮、丰满、青苔覆盖的手指，扫向天空。相形之下，其树根却很纤细，谦逊地掩埋在长着蕨类植物的土垛中。

斯特隆现在的领主约翰·诺布尔，因其所钟爱的这棵巨树而倍感自豪，这是人之常情。（他还拥有一棵詹姆斯二世时代的树，一棵大水青冈，名曰"邦尼查利王子"，据说在1745年曾掩护过叛乱分子。）他出售的一款明信片上称此冷杉是欧洲最粗的针叶树。官方记载的此树树围为31英尺（约9.45米）。

1881年测量时，其树围就已超过15英尺（约4.57米）了，树高约100英尺（约30.48米）。那时，它还有26个高大的同伴：一整条林荫路种的都是冷杉，将绅士贵族们引向附近的城堡。然而斯特隆面对着法恩湖，这是苏格兰最潮湿风最多的地方之一。难怪大部分18世纪的冷杉都已死亡。但是约翰·诺布尔的那棵是唯一活下来的，现在却被另一种来自美洲的冷杉——大冷杉（*Abies grandis*）高高俯视，大冷杉源自美洲，是由约翰·诺布尔的一位祖先于19世纪种下的。

大冷杉远比欧洲冷杉高。20年来，这棵大冷杉一直是英国和爱尔兰至高无上的树王。

很不幸，这棵大冷杉在几年前的一场暴风雨中被刮掉了顶部，现在只有200英尺（约60.96米）高——比邓凯尔德赫米蒂奇的花旗松还矮12英尺（约3.66米，见第47页图）。但千万别小看它。我相信，它会跟那个在1745年被刮去头的伙伴一样，还会从容不迫地长出新的树冠来。

左页图：斯特隆的欧洲冷杉

椴树中的精与粗

数百年前，英国的两种本土椴树，心叶椴跟阔叶椴，自然杂交出了我们现在称之为欧洲椴（*Tilia* × *vulgaris*）的后代。这种幸福的结合在英国和欧洲其他地区都发生过。跟很多偶然杂交的后代一样，新生的椴树拥有杂种优势，意味着它比亲本中的任何一方长得都快。而且它很容易依靠根蘖进行无性繁殖。

17世纪的英国很流行种椴树。无性繁殖产生的大量枝条使得椴树成为最有形的树——尤其是对树枝进行编结或修剪之后。它有力的几何形跟效仿凡尔赛宫而设计的这种遍及欧洲、成辐射状的小径与林荫道景观相得益彰。

霍尔克椴树十有八九是18世纪初期城市规划中的幸存者。当时劳瑟家族在此建造了一座大房子，这座房子后来由德文郡公爵四世的弟弟所继承，并形成了卡文迪什宫殿系列中的一座。现在这棵树归其后代卡文迪什勋爵所有，依旧自由自在地生长在花园里。

它是椴树中集精与粗于一身的典范。它26英尺（约7.92米）的树围叫人生畏，是官方认可的英国树王，哪怕它凹凸不平的树干使测量结果并不准确。10英尺（约3.05米）之上，灰色的树干淹没在盘错纠结的叶子里，如同一团胡须，从中又冒出十几个独立的枝干。6月，此树形成一个凉亭，最是苍翠，空气中弥漫着浓郁的椴树花香，遮隐在花间的蜜蜂奏出嗡嗡的乐章。7月，每棵茁壮的欧洲椴上会洒下蚜虫体内流出的废物（"蜜露"这个用词太温和了），如落雨一般，这减弱了椴树的诗意。

在霍尔克，有园丁会修剪这棵大椴树下方的须枝。英国公园里的椴树就没这么走运了。在英国，须枝茂密的椴树似乎更为常见。相比之下，欧洲大陆的椴树则须枝更少。

或许我们应从中获取经验：从欧洲大陆带一枝更优良的嫩枝来，或者栽种其亲本——须枝更少，同时还能少招来些蚜虫。

右页图：霍尔克椴树

赫米蒂奇的花旗松，英国最高的树，1996年2月

美洲的巨树

　　因为爬不上去也砍不下松果，于是我拿起枪，忙着从长着松球的树枝上剪，此时来了八个印第安人在听到我的枪声之后。他们脸上涂着红土，手上拿着各种武器，弓箭、骨制长矛和火石刀，在我看来杀气腾腾……我决定要为了活命而奋战……我站在那里盯着他们有八九分钟，他们也盯着我，一个字都没说打我身边经过，直到最后一个看上去应该是他们的头目的人打了个手势要我的烟草，我说前提条件是拿松果来交换……

——大卫·道格拉斯的日记，1826年10月26日

（日记描述了他在俄勒冈州安普夸河附近发现了糖松）

莪相的花旗松

"那棵"，护林员对心存狐疑的游客们说，"是英国最高的树。"

我们的目光穿过赫米蒂奇邓凯尔德瀑布下方的池塘，面朝我们的是一株高挑、年轻、优美、箭头形的花旗松。看似荒唐的是：这棵年轻的树高212英尺（约64.62米），是英国所记载的迄今为止最高的树。只有当护林员爬到下面池塘边的岩石上，我们才对这棵树的规模有了一个大致的把握。这棵产自北美洲的巨树比大部分生长在英国的大树高一倍，并且如杰克的仙豆茎一样还在生长。

此种树的两个名字——拉丁文名 *Pseudotsuga menziesii* 和英文名 Douglas fir，是为了纪念描述它和引进它的两个人。苏格兰的阿奇博尔德·孟席斯作为随船医生和博物学家，在18世纪90年代乘坐由英国海军派遣的轮船发现号勘测太平洋的西北部海域，船长为乔治·温哥华。30年后，年轻的英格兰植物学家大卫·道格拉斯被差去内地探寻新的树种和其他生物。不久之后，道格拉斯便引进了大冷杉和巨云杉，它们是另外两种竞选英国树高冠军这一殊荣

的巨树。

赫米蒂奇的这棵花旗松如此年轻，在池塘边被庇护得如此之好，因此多年来一直都是树高冠军。此树归林业局（前身是林业委员会）所有。他们不但没有为它挂上树牌，也不知道其年龄。我猜它有100岁了。在其俄勒冈州或温哥华岛的老家，一棵花旗松300年才能长到300英尺（约91.44米）高。赫米蒂奇的这棵花旗松长到那个个头儿则会快得多。

如何让林业局确信它值得等待呢？

离此树50码（约45.70米）的地方就是赫米蒂奇，它是阿索尔公爵在18世纪修建的一座装饰性建筑，用于让游客观赏布莱恩娜河上的大瀑布。起先，它被称为"莪相的厅堂"。游客们被领进黑暗的房间，在昏暗的灯光下被示以莪相的一幅油画。莪相是盖尔的战士和诗人（后来他的作品被曝光为一位名叫詹姆斯·麦克弗森的苏格兰议员的文学恶搞）。随后莪相的画又被移回到墙上——脚下一泻千里的瀑布让游客们目瞪口呆。

回来吧，莪相！一切都已被原谅。我们需要你来歌颂巨大的花旗松。

右页图：赫米蒂奇的花旗松

惠特菲尔德的红杉

正如许多太平洋地区的其他巨树一样，北美红杉（*Sequoia sempervirens*）是由阿奇博尔德·孟席斯发现的，当时他作为随船医生登上了去温哥华考察的轮船（发现者号，几年前叫撒迪厄斯·亨克号）。树皮如海绵一般的参天红杉临海生长，离旧金山仅15英里（约21.14公里），沿海岸线的西侧向北延伸，一直延伸到现在的俄勒冈州。

这个新的属名取自一个美洲印第安混血儿的名字，塞阔雅（**Sequoya**），是他发明了第一张印第安字母表。可是过了许多年，这些关于红杉的让人惊叹的真相才为植物学家所了解，大众知道的就更晚了。

它是摩天巨树，其高为世界之最，比太平洋地区的其他所有巨树都高，比澳洲的桉树或亚洲和非洲的热带阔叶树都高。

它也为西方迅速发展的城市和亟待建造的铁路提供了华美的木材。在生态环保者们让伐木工就范之前，到底有几千棵古树被伐倒，无人知晓。不过幸好，北美红杉被砍倒后还能再生，这在松柏类植物里可是独一无二的。老树桩上又会蹿出新树来。因此，海岸线上的红杉在遭受了木材公司的第一拨儿蹂躏之后，现在又生出了几百万棵小红杉。

同时，第一批北美红杉种子1843年到达英格兰时，几乎没有引发一点儿轰动。（不同的是，几年之后当巨杉被发现时，却为园艺爱好者疯狂追捧。）这种新树好像对土壤和气候很挑剔。通常它能长得很高大，却被风吹霜打变为古铜色，因此优良的标本很罕见。更罕见的是找到一个健康的红杉林，就像我选来拍照的这个生长在赫里福德郡惠特菲尔德的红杉林（见右页图）。这些离奇的巨树是由阿彻·克莱夫神父于1851年栽种的。

克莱夫是克莱武[1]的一个远房表亲。他的爱好之一是树木学。阿彻·克莱夫的树林现在有20株红杉，是英国最大的红杉林。这些红杉中最高的有148英尺（约45.11米），与洪堡国家公园的那棵366英尺（约111.56米）的世纪之最——"霍华德·利比"树相比，自然是侏儒。但是这些树尚幼。

朝阳洒在海绵一般的红杉树干和艳绿的叶子上，站在惠特菲尔德的红杉之间，仿佛嗅到了孟席斯在200年前呼吸过的太平洋的空气。

1　编注：克莱武（Robert Clive，1725–1774），英国人，首任孟加拉国行政长官。

新巨树取代老巨树

美国加利福尼亚州的大山里，最轰动的发现无疑是巨杉（*Sequoiadendron giganteum*），我们这里（英国）管它叫Wellingtonia，美国则称其为giant sequoia或big tree。

《园丁记事》在1853年圣诞前夕用整个版面抢先报道这一新发现。一位英国植物探险家发现了这些巨树，并将其命名为*Wellingtonia giganteum*，以此向前一年去世的英国的英雄——威灵顿公爵致敬。

第一批巨杉树苗在英国开始销售一年后（欧洲和美洲东海岸也在销售），全国掀起了对巨杉的追捧热潮。一岁大的巨杉树苗每棵才卖2几尼[1]，因此几千棵树苗很快就被抢购一空。这些树每年能蹿2英尺（约0.61米）高，状如绿色的火箭。它们被种的到处都是：郊区的草坪上，宽阔的庄园里，凯旋林荫道旁。最高的一棵巨杉在海兰的利奥德城堡，现今长到174英尺（约53.04米）了。

说来也怪，这种树似乎从来都不兴栽种成林。照片上的这些树显然是特例：14棵树组成的巨杉丛，有130英尺（约39.62米）高，由霍尔福德于19世纪60年代在韦斯顿伯特栽种的。我1995年7月去参观时正值酷暑期，水银温度计显示气温高达91华氏度（约32.78℃）。无法抵挡的松香迎面扑来。

左页图：韦斯顿伯特的
巨杉丛

---

1 编注：1663年英国发行的一种金币。1几尼相当于21先令，即1.05英镑。1813年停止流通。

到19世纪60年代，巨杉热开始退去。此前维奇的埃克塞特公司还曾对它进行了巧妙地推广。将新发现的巨树与英国刚失去的老巨树联系在一起，真乃天才之举。维奇曾派一位科尼什的植物探险家威廉·洛布到加利福尼亚州去寻猎植物宝藏。洛布抵达旧金山时正是淘金热的鼎盛时期。1853年夏天，他听到有传言说一位淘金者在旧金山东南方向200英里（约321.87公里）处的内华达山脉发现了一丛巨树。

　　那位发现者是一位名叫A.T.多德的猎人。一天，他正在卡拉韦拉斯县境内追捕一只受伤的灰熊，偶入一片奇特的树丛中间，回到营地后他将这件事告诉了同伴们，还被认为是酒后狂言或痴人说梦。但当他们亲自仰头凝望这些巨树时，不觉目瞪口呆。眼前大约有八九十棵树，高达300英尺（约91.44米），有几棵树围70英尺（约21.34米），原来它们是地球上现存最大的生物体。

　　洛布争分夺秒雇了一些马前往卡拉维拉斯县。他口袋里装了满满的树种，还采了一些插枝，甚至挖了两株幼苗。然后他火速乘坐帆船绕过合恩角赶回英国。这对他自己而言是一个巨大的成功，对维奇来说则如同金矿一般宝贵。

斯昆的摇钱树

巨云杉（*Picea sitchensis*）近来受到了一条负面的报道，它们的树林结构混乱，遮住了苏格兰北部的弗洛地区的地表。只有林业员喜欢这些树，因为可以赚钱。如果你想在英国或爱尔兰赚钱，那就种植巨云杉吧。

年轻的云杉依着性子长、生着尖刺、性情残暴，青绿色的针叶宛如倒钩的金属丝。年老的云杉则因蚜虫而受难，蚜虫竟然能咬穿那些坚硬的松针，剩下稀疏的树枝，如同患了疥疮一般。如果你告诉一位出色的园丁你种了一棵巨云杉，他会嘲笑你。

请看看珀斯外面斯昆宫植物园里的这两棵巨云杉吧。它们都是树王：树围20英尺（约6.10米），是迄今所记载的最粗的巨云杉。无人不惊叹于其一片一片剥落的树皮和布满深沟槽的树干，因为它们给珀斯郊区带来了一股俄勒冈雨林的气息。

这是大卫·道格拉斯在1827年至1828年的旅行之后所引入的第三种重要树种。起初，巨云杉的经济价值尚未被人们意识到。英国的林

左页图：斯昆的两棵巨云杉王

业员很谨慎——或许这是件好事。道格拉斯去世后的100年里，林业员为求稳妥一直种植源自欧洲的老信徒——欧洲云杉（人们称之为圣诞树）和欧洲落叶松——并从喀里多尼亚森林中重新引进了我们的本土树种欧洲赤松。

随后人们恍然大悟，原来巨云杉竟有如此神奇的天赋。它好像能将雨水转化为树木，而中间不需要很多土壤。你可以将其种在沼泽上方那一浅层腐叶土中或长满灯芯草的山坡上。接着下一年的瓢泼大雨，巨云杉陶醉其中。40年后你就能收回你的本息，而欧洲云杉要60年，欧洲赤松要100年才能收回本息。

生长在贫瘠潮湿的西部土壤里，巨云杉是树王，而生长在肥沃的土壤里的巨云杉仅有一位商业对手：花旗松。

在斯昆植物园里，你可将这两种树做个比较，我必须承认它们根本没有可比性。花旗松树叶呈深绿色，垂如流苏，软木质的棕色树皮让人惊叹，因此我为花旗松投一票。在斯昆所有关于道格拉斯的介绍都有一种特别的感伤。这就是他孩童时工作过的树园，他将一包一包的俄勒冈州原产花旗松树种邮回斯昆。悲剧的是，他35岁就去世了，在夏威夷的一个陷阱里被一头野牛践踏而亡，当时他的所有这些巨树还没有灌木高。

渴望离家的树

你常常会认为，所有的树都是生长在原产地才会最快乐、生长得最好。但是大果柏木（*Cupressus macrocarpa*）在原产地之外的几乎任何地方都会长势更好。我当然认同这一点。蒙特雷湾的岩石海岸才是此种树的家园，它位于旧金山以南，驾车只需一小时。

如果你自己不是一棵树，你不会认为那里是世界上最美的地方之一。这些树脚踩岩石，太平洋上的风迎面吹来。

在最后一个冰期幸存下来的所有原生的大果柏木——仅有几百棵——都生长在蒙特雷湾以及附近一个更不适宜生存的岛上。难怪这些原生的大果柏木生长迟缓、多节瘤：这为那些拐错弯的旅行者上了一课。有些古植物学家认为，在冰原融化之后，大果柏木在从中美洲回家的途中迷路了。而太平洋的其他巨树——花旗松、巨云杉、大冷杉等——却安然无恙地回到了它们位于落基山脉和西北部沿海山脉土壤肥沃的家园。大果柏木莫名地转向左方，默默地独自离去。

然而，自从它于1838年被带到英国和欧洲其他地区（当然还有北美洲的其他地方）之后，它的生活就改变了。在所有能忍受我们所称之为温带气候的名副其实的柏木中，大果柏木长得最快、最健康，体型也最大。

这棵生长在萨默塞特郡蒙塔丘特宅院里的大果柏木约125英尺（约38.10米）高，大约是蒙特雷最高的幸存者的两倍。它不过也就140岁，而且仍在继续生长。通常此种树会衰老得不成样子；它年轻时深绿色的外衣变成错综复杂的裸枝。不过，此树归全国托管协会所有，他们深以此为傲。树医一直都给予它呵护，修剪其瘦长的树臂，刨平其凹凸不平的树身，让它看起来依旧朝气蓬勃。

最近大果柏木的时尚地位已被其杂交后代莱兰柏（× *Cupressocyparis leylandii*）所取代，这种属间杂交的怪胎是由大果柏木和黄柏木（*Cupressus nootkatensis*）杂交而生——比其亲本生长地更快、更坚韧。它十几年就能长成30英尺（约9.14米）高的树篱。但作为观赏性树种，我认为它终究会让人失望。

法国男人过去常说，女人需受苦才能变美。大概树亦如此。多年的背井离乡为大果柏木增添了高贵的气质。莱兰柏是树中的新贵：光滑、碧绿、低调、整洁。

右页图：蒙塔丘特的大果柏木

一百英尺高的"郁金香"

想象一下，一棵高大的树长满了神秘的树叶，叶间长出了5000朵郁金香，听上去宛如一幅拉斐尔前派的油画。而来自北美洲的北美鹅掌楸（*Liriodendron tulipifera*）就为上述想象赋予了一种真实感。

在英格兰南部，一棵这样的老树在邱园形

上图、左页图：邱园的北美鹅掌楸

成了一个110英尺（约33.53米）高的"花坛"。花朵完全盛开前，浅绿的花瓣叠成管状，橙色点缀其上，看上去很神秘，像是绿色的郁金香（在寒冷的苏格兰和爱尔兰很难找到这样的花）。

同样超现实的是其树叶。每一片孔雀绿色的叶子都有一圈黄色的叶缘，尖端就像是被剪裁出来的——植物学家将其描述为截形而微凹，在我们看来，更像是纹章的形状。

小约翰·特拉德斯坎特，查理一世的花匠，据说在17世纪的东美洲经历了一系列的周折辗转，终于把这一战利品带回了英国。人们满怀敬畏地观瞻，但不是因其花朵。此树名为北美鹅掌楸，能在肯塔基和弗吉尼亚农场的深厚土壤里长到170英尺（约51.82米）高，树头树肩都要超出其他所有的阔叶树（一球悬铃木是例外，它在那里被人们叫作"sycamore"）。拓荒者用它们来造独木舟。丹尼尔·布恩正是将一个长约60英尺（约18.29米）的北美鹅掌楸树干掏空造了小船，载着他的家人和财物驶往西班牙领土。

生活在英国凉爽的夏日里，此种树鲜有超过100英尺（约30.48米）的。但谁知道呢？全球变暖或许能改变这一局面，至少可以让生长在爱尔兰我家花园里的"郁金香"适时地盛开。

来自东方

　　生长在这片平原中央的这些雪松，《圣经》里提到过，一共22棵，据说自创世纪以来就一直生长在这里，而且是上帝移植在这里的。有人反对说，淹没全球的大洪水不可能让此地幸免，因为它连人间天堂都毁了，并且致使包括生命之树在内的所有植物都死亡，这是不争的事实。只不过雪松被上帝赋予了一种能产树胶的特性，这种树胶帮助它们在大洪水中生存了下来。

——《圣地》，巴黎，1646年

（法国尤金·罗杰对黎巴嫩雪松的描述）

左页图：1761年种的古德伍黎巴嫩雪松

被暴风雨侵袭的黎巴嫩雪松

无论是后来对外来树种的狂热，还是维多利亚人对巨杉和智利南洋杉的贪恋，都敌不过黎巴嫩雪松（*Cedrus libani*）所激发的震撼。

它的起源是个谜。其树的种子于17世纪传到了伦敦，但无人知晓是哪位旅行者从东方带来的，也不知道它在我们这里潮湿的气候里能否存活。但各种证据毋庸置疑地表明，这种在黎巴嫩山雾霭中散落的树丛里顽强地生长着的黎巴嫩雪松，就是圣经里所记载的大雪松，同时也是所罗门神殿里所使用的木材。

在汉斯·斯隆爵士种在切尔西的药用植物园里的4棵黎巴嫩雪松周围，总是簇拥着上流社会的人。尽管有人嘲讽，但是它们都长大了，而且——挺过了1703年的飓风、1740年的大霜冻和18世纪70年代的飓风。到18世纪末时，它们已长成了规模可观的大树，并遮住了那里的玻璃温室（其中的两棵树因此被砍掉了）。

同时，不管他是谁，只要在其花园里种下一棵雪松，都会为欧洲朴素的常绿植物——欧洲冷杉、云杉、落叶松等——增添了东方的味道。但许多人却失败了。因为此种树适合长在黎巴嫩山上的岩石和石子间。（后来证明，它在土耳其托罗斯山高高的岩石山谷也可以繁茂生长。）在英国肥沃的土壤里，此种树长得太快，反而生长得不好。大部分17世纪栽种的黎巴嫩雪松（不包括切尔西的那些）在18世纪结束前就死了。200岁的黎巴嫩雪松已是罕物了，而且通常被暴风雨毁得面目全非。

在萨塞克斯郡能找到两棵幸存最大的黎巴嫩雪松。古德伍德的那棵黎巴嫩雪松种于1761年，本来长有6个树头，1787年10月的一场飓风将其刮掉了一半。尼曼斯的那棵黎巴嫩雪松十有八九种于1800年前后。一场飓风几乎将其摧毁殆尽，幸亏全国托管协会高超的修复技术恢复了它的容貌。可是它现在是尼曼斯草坪上的一位面容疲惫的美人，眼看就要死了。

1993年春天，我到访了托罗斯山脉的山谷，也就是人们所说的那些最古老的黎巴嫩雪松的生长地。这些树大部分要比生长在英国的黎巴嫩雪松个头小，姿态也不够优雅。而且它们树皮粗糙多节瘤，伤痕累累，已达千岁。在热风中，我们仿佛闻到了所罗门神殿浓郁的树脂味。

右页图：被1787年飓风半摧毁的尼曼斯黎巴嫩雪松

摘一颗草莓

草莓树（*Arbutus unedo*）有一个很吸引爱尔兰人的特质。除了存在争议的白花楸外，草莓树是唯一一种分布在爱尔兰却在英国没有分布的树种。来自地中海的它在最后一个冰期之后从布列塔尼抄近路来的，而不像爱尔兰的其余本土树是经由多佛尔和霍利黑德艰难跋涉而来。

其一串串白铃铛花垂落，酷似帚石楠，事实上它们都属于杜鹃花科。其果实看着就美味。宛若小草莓一般的果实在11月份形成一派绝佳的景致。但是你不会再尝试吃它的果实。（其拉丁名*unedo*就是"我只吃一颗"的缩写。）然而17世纪的药剂师约翰·皮奇却认为其花和果实可制成绝佳的制剂用于抵抗瘟疫。

爱尔兰西部的三个郡都长有野生草莓树，它们跟栎树、红豆杉和蕨类植物共享吉拉尼湖区

的岩石海岸，但是这种草莓树通常也就是灌木丛大小。更具异国情调、外形更像树样的是这棵产自希腊的杂交草莓树，在邱园一个暖暖的二月天的傍晚我还给它拍了照。这个杂交树种名叫拟希腊草莓树（*Arbutus × andrachnoides*）。在希腊和土耳其，草莓树和希腊草莓树（*Arbutus andrachne*）并肩生长在岩蔷薇和百里香中间，在自然条件下就能进行杂交。

在邱园，他们增建了一座希腊神殿，以给它带来家的感觉（或许适得其反）。此树约35英尺（约10.67米）：对一棵草莓树而言已经够大了。它的树皮呈鲜艳的肉桂色——不像其他野生的本地树呈灰褐色——剥开是紫罗兰色和黄色。但要先提醒你，它的花与果实让人很失望。

如果你需要抵御瘟疫的药，你最好从基拉尼的草莓树上采摘一些莓果。

右页图：邱园的拟希腊草莓树

薛西斯的悬铃木

亨德尔唯一的一部喜歌剧《塞尔斯》开场时，男主人公塞尔斯坐在一棵大悬铃木下吟唱道：

> 愿你永远沐浴阳光
>
> 更可贵
>
> 更可爱
>
> 更甜蜜

虽然歌剧本身并不出名，但是亨德尔的这段旋律却广为流传并成为其著名的《广板》（Largo）。

塞尔斯和悬铃木的故事源自希罗多德的记述，原型正是波斯国伟大的王薛西斯，他当时正向萨迪斯进军，行至门德雷斯河渡口处的卡勒特布斯时，偶遇一棵伟岸的悬铃木。他欣喜于树的浓荫，于是给它戴上金质饰品，还专门安排了一个人永远守护着它。

"这样做对那树有何好处？"一位3世纪的作家问道，他名叫埃里亚努斯，是一位大煞风景的人。这位伟大的王真够出洋相的，竟然倾心于一棵树，还给它镯子，派人守卫，当后宫的妃子一样看待。

不过剑桥伊曼纽尔学院的人可不像埃里亚努斯那样一本正经。他们对自己所钟爱的三球悬铃木（见左页图）百般溺爱，辟出公园中的半英亩（约2023.43平方米）地来供养它，就像薛西斯宠爱娇妻一般守护着它。

虽然还年轻——肯定是在1802年以后种的——此树屈曲盘旋的树枝已宛如帘幕一般垂下，把下面的草坪都掩盖了。这些下垂的树枝在地上形成"压条"，继而又蹿出新树来。

这种三球悬铃木（*Platanus orientalis*），在英格兰南部跟在希腊或土耳其生长得一样快。跟人称英国梧桐的杂交树，二球悬铃木相比，三球悬铃木更为罕见，其掌状深裂的叶子也显得更为优雅而美丽。而二球悬铃木则在乡镇和城市更为常见：它们生长得更挺拔，不太容易刮蹭到公交车，因此更适合种在人行道旁。

总之，三球悬铃木在伊曼纽尔生活优裕，但并非因为薛西斯本人在那里备受爱戴。作为希腊的侵略者，他是古典研究中的反面人物。事实上，他是在进军侵略希腊的途中邂逅那棵悬铃木的。值得庆幸的是，波斯人在德摩比利战役中也得到了应有的下场。甚至可以说伊曼纽尔的这棵树歌颂了民主的胜利和波斯人的倒台。1802年，剑桥的一位名叫丹尼尔·克拉克的讲师从希腊带回一些悬铃木种子，并把其中的一颗种子种在了伊曼纽尔。他把赛莫皮莱战场上的种子收集了起来。

胡克在邱园的选择

世界上有600种橡树和栎树，其中大约100种能在我们反复无常的气候里勉强存活。如果必须要我选一种种在我的荒岛上，我会选择伊朗山脉中的栗叶栎（*Quercus castaneifolia*）。如果我可以随身携带一棵完全成年的树，我会选择邱园的这棵，据称是里海此岸最美的树。

描述它的都是"最……""……第一"之类的短语，多得让人晕眩。这棵树种于1846年左右，是英国的第一棵栗叶栎。它树王的称号至今未受到挑战。威廉·胡克爵士曾强行在邱园和资助它的英国政府中推行他的意愿。他任负责人期间，在所有被强行命令栽种的数千棵乔木和灌木当中，此树成了不朽的象征。它是花园里长得最大的树，120英尺（约36.58米）高，树围23英尺（约7.01米）多，看上去在邱园臭名昭著地贫瘠的土壤里生长得很陶醉。而其比例如此之协调，你打它身旁经过，丝毫都不会意识到它的体积之大。

我在5月的一个清晨为它拍过照，恰逢卷缩新鲜的树叶刚开始舒展，但是它看起来却依然十分靓丽。象灰色的树干在大约30英尺（约9.14米）的位置分叉形成一个不规则的拱形，继而又撑起一个巨大的穹庐。从它肆意不羁的轮廓可看出，它正在迅速地生长。但是1987年10月那场摧毁邱园的飓风，如攻城夯锤一般不断击打此树。我细数了十几处主干上的伤疤，有些伤口尚未愈合。一丛蘑菇就在拱形树杈下面安了家。

甭指望这棵巨树能永远保持其优美的比例。通常长得最快的树最先夭亡。除非你计划下周就去里海旅游，乘坐巴士去邱园一睹它的真容。

左页图、右图：邱园的栗叶栎

虾红色的枫树

1994年10月一个薄雾蒙蒙的清晨，我驱车前往格洛斯特郡的韦斯顿伯特植物园。公用场地上停满了车。"这里有音乐节还是汽车拉力赛？"我诧异地问，"不，他们跟你一样，也是来赏枫叶的。"

他说的一点儿没错。我是来看枫叶的，据说这是富士山之外最美的枫树林。除此之外还有2000人在看了沃斯特沃德电台的报道后慕名而来。韦斯顿伯特的鸡爪槭（*Acer palmatum*）大约有200多个品种，比我花园里的所有树的种类都多。在20世纪初，乔治·霍尔福德爵士

上图、右页图：韦斯顿伯特的鸡爪槭

是这片植物园的主人，他就像人家养猪和赛马一样来细心呵护这些枫树。它们从清晨到日暮，秋色不改，红叶期可以持续整整三周——色彩繁多，有虾红色、绯红色、肉红色，还有蜡黄色。

现在，林业局沿袭了霍尔福德的优良传统，不断用珊瑚色的年轻植株来取代霍尔福德时期的老树（一棵鸡爪槭通常长到60岁就已老态龙钟了）。

早在日本向外国人开放前，第一棵鸡爪槭就于1820年前后经由中国到达英国了。不过其实鸡爪槭这种植物在45年之前就被一位名叫卡尔·彼得·通贝里的瑞典医生兼植物学家秘密地描绘下来并做了描述。他是林奈的学生，被荷兰东印度公司雇佣到长崎附近的交易站工作。他本应被禁闭在一个四分之一英里（约402.34米）宽的人工岩石岛上。然而，通贝里足智多谋，是方圆千里内唯一的一位欧洲医生。他被允许每年一次乘坐大篷车到皇都江户给皇帝和王公贵族治病。途中，他采集植物，并把它们当作医药标本描绘下来。

如果你早就腻烦了虾红色或珊瑚红色的枫树，不妨去试图寻找下通贝里所描绘的一种原始种。就树枝夸张的姿态和绿叶修剪的造型来看，它个头最大，气质最雅，寿命也最长。我曾经在多尼戈尔县的一个小山坡上发现了很大的一棵无人照料的枫树，正如被平克顿抛弃的蝴蝶夫人。

神秘的母亲树

　　大约80或100年前，就我所知，在这片庄园上，有位佃农发现了两棵年轻的红豆杉生长在白闹林附近的山坡上……佛罗伦斯庄园中现存的所有红豆杉都是其中一棵的后代。

——恩尼斯基伦伯爵三世写给弗朗西斯·惠特拉的信

1841年12月21日

左页图：佛罗伦斯庄园红豆杉，世界上所有爱尔兰红豆杉的母亲

挺拔的爱尔兰红豆杉

距离弗马纳郡的佛罗伦斯庄园半英里（约0.8公里）有一片泥泞的田野，穿过它就能看到那棵爱尔兰红豆杉（又称佛罗伦斯庄园红豆杉）始祖（见左页图）。这座庄园建于18世纪，第一位主人深情地用其妻子的名字称呼它。

爱尔兰红豆杉（*Taxus baccata* 'Fastigiata'，其品种名Fastigiata意为"扫帚状的"）都是由这棵生长在爱尔兰的树上的剪枝成长起来的，其后代现在有几百万棵遍布于世界各地。其他任何树的变异都无法创造出如此的繁殖奇迹。其后代呈暗黑色，庄严、挺拔，曾跨越欧洲到达澳大利亚和新西兰，以及落基山脉两侧——它们尤其受到墓园的欢迎。这为爱尔兰增添了一种通常跟庄严挺拔无关的新气质。这一奇迹是如何发生的呢？

查尔斯·纳尔逊博士在爱尔兰国家植物园任分类学家期间，曾到实地做过考察并对上述

左页图：佛罗伦斯庄园的爱尔兰红豆杉始祖

奇迹做了解释。

大约在1760年，这个庄园的继承者恩尼斯基伦勋爵的一位名叫威利斯的佃农，发现一对长相古怪的红豆杉生长在佛罗伦斯庄园之上奎尔卡山的荒野里。他将其中一棵种在自己家里，另一棵给了恩尼斯基伦勋爵，勋爵把它种在了自己的领地里。没多久，佃农的那棵死了，而勋爵的那棵生长繁茂，并凭借挺拔的姿态开始引人瞩目。到19世纪初，那棵佛罗伦斯庄园红豆杉已被树迷们所熟知，一家同名的苗圃商店开始销售它的剪枝。

可怜的威利斯！要是弄个红豆杉专利，他早就发大财了。可是那个时候给一个栽培的树种申请专利是办不到的，即使是在今天依然很难。

如果你穿过佛罗伦斯庄园泥泞的田野去观瞻这棵拥有几百万子女的母亲树，请不要期望太高。现在此树归北爱尔兰农业部所有，他们还对周围的月桂树和欧梣做了修剪。那里有一个金属牌可以帮助你认出它。但是，说来也怪，这棵让爱尔兰闻名于世的树却是同种当中一个糟糕的样本。只有其靠上的树枝才算是挺拔的，所以它现在只能算是"'拖把'红豆杉"（*Taxus baccata* 'Semi-fastigiata'）。如果你愿意接受这个说法，那么我们能否认为是230年的庄严与挺拔让红豆杉体力透支了？

布赖恩斯顿的杂种树最优

在多塞特，要么是给布赖恩斯顿的这两棵二球悬铃木测量树高的人疯了，要么是测量工具出了问题。其实不然。这两棵是英国最高的阔叶树，分别有152英尺（约46.33米）和158英尺（约48.16米）高，远远高于这些岛屿上所有的水青冈、栎树、椴树、梣树以及其他阔叶树王。

而且它们的树围也很相称，分别为16英尺（约4.88米）和18英尺（约5.49米），使得它们比例如此协调优美，看似毫不费力地从长满蕨类植物的小径旁边拔地而起，就好像英国树林里随处都能长出160英尺（约48.77米）高的树一般。

其实，它们体现了杂种优势的胜利。

二球悬铃木（*Platanus × hispanica*），如我们所见，被认为是来自东方（希腊和土耳其）的三球悬铃木与来自西方（美国）的一球悬铃木的杂交产物。但是这种结合在何地如何发生的，现在仍是个谜。有些学者称，这两个树种的邂逅发生在兰贝斯小约翰·特拉德斯坎特的花园里。特雷德斯坎特是查理一世的园丁，

17世纪中叶曾探访过东美洲三次，而且据我们所知他是将一球悬铃木跟三球悬铃木种植在一起的。可是要杂交，这两种树非开花不可——这么快就开花肯定是不可能的。再者，一球悬铃木无法忍受我们这里潮湿的气候，不久便枝叶凋零。

尽管人们愿意相信偷吻的故事发生在特雷德斯坎特的花园里，直截了当地说，这种结合更可能发生在西班牙的某个地方（因此才有了现在的名字，*hispanica*）。然而，特雷德斯坎特的确把一些年幼的悬铃木送给了自己的一些朋友，无疑推动了这种杂交树的流行。

在过去的300年里，城市一直被它所占领。伦敦中心的每个广场，巴黎的每条美丽的林荫道，从爱尔兰到中国西部的大部分温带城市其实都长满了二球悬铃木。它们是我们所能想象得到的、忍受痛苦时间最长的生物。可是毋庸置疑，它们更喜欢温带气候里的平静生活。

布赖恩斯顿学校的这些巨树正好把家安在人们期待能找得到的地方：一条几乎被人遗忘的长满蕨类植物的小径旁边，脚下就是肥沃湿润的土壤，离大海不太远，一座小山横在中间为其遮风，只有古怪的慢跑者会惊扰落在树林地面上的树叶。

右页图：布赖恩斯顿的二球悬铃木树王

中国风

　　他们的画家对三种景色做了区分，分别称其为赏心悦目的景色、残忍惊骇的景色和心驰神往的景色……他们把所有特别的树种之景色引入到了上述第三种景色中……

　　　　——威廉·钱伯斯，《论中国园林的艺术布局》，1757年

左页图：邱园银杏树皮上的"垂乳"

六千年的衰落史

将银杏家族比作是从中世纪开始稳步衰落的某个中欧的贵族家族，是有失公允的。

其实它们从六千万年前的第三纪就一直在走下坡路了。事实上，与银杏家族相比，恐龙看上去更像是一位新贵。这个家族在三亿五千万年前就很强大了，那时阿尔卑斯山脉与喜马拉雅山脉尚未被造物者创造出来。此种树在一亿五千万年前已雏形初现，此时第一只翼手龙尚未在其杪椤的巢中孵化出壳。

因此植物学家们对银杏（*Ginkgo biloba*）特殊优待，将其归为银杏纲、银杏目、银杏科、银杏属，特立独行。

拥有如此世系，人们预计银杏看上去应该如化石一般残破（按字面意思看，它的确如此）。可是邱园的这棵优良的样本（见左页图）却还健康得很。它产自中国，对此你可能会怀疑，因为其枝叶倾泻而下，如一道道不规则的瀑布，华丽的灰棕色树身上长着叫作"垂乳"的乳头状突起。但是其叶形如蝴蝶，会让你迷

惑不解。叶片中间没有主脉将其二等分。它会让人想起铁线蕨。毫无疑问，这就是线索。三亿五千万年前银杏祖先生长繁荣时，其他树种尚未出世，只有蕨类植物存在。

这棵样本是在1762年乘游艇经泰晤士河到达邱园的。最初几年它生活在惠顿阿盖尔公爵的庄园上，后来比特勋爵又把它移栽至威尔士王妃的新植物园，也就是邱园中。他还移栽了一棵槐（*Sophora japonica*），今天还活着，只不过是靠铁拐杖支撑的一位重伤员。当时，威廉·钱伯斯爵士被委派在附近修建了一座十层的塔，从而掀起了中国风的狂潮。

为了赶时髦，18世纪的绅士们在他们的游乐场上种起了银杏。可是这种树有个毛病。虽然野生的银杏近乎绝种，但是其最后的天然家园位于夏季炎热的中国东南部。因此爱尔兰或苏格兰的大部分地区它看不上。但它在伦敦周围各郡边缘的富人居住区却可以快乐地生长，也喜欢生活在中国、日本和韩国的佛教寺庙的花园里以及华盛顿的人行道旁。

在银杏的老家中国，它能活一千年甚至更久。而在我们这里，它长得快死得也快。但其古老的世系赋予它一种优势。在任何一种吃树叶的昆虫诞生之前，它早就进化了。

因此那些将栎树、水青冈等树的树叶咬得面目全非的昆虫却不敢动银杏树冠上的一根毫毛。

在罗沃里是该笑还是哭

1899年，一位名叫欧内斯特·威尔荪的年轻英国园艺学家在得到维奇公司提供的200英镑资助后去了中国，并带回了现在被我们称为手帕树或鸽子树的珙桐（*Davidia involucrata*）的树种。

这一新树种是在1869年由谭微道神父发现的，他是法国著名的传教士和博物学家（他曾用自己的名字来命名过一种鹿）。他用优雅明快的线条为这棵树画了些画来展现其朦胧的洁白苞叶，犹如下垂的手帕（你更喜欢说像鸽子也可以）。但是他似乎没有将其引进到欧洲或美洲。维奇是当时的园丁领军人，而且能买得起价值几千英镑、商业前景广阔的树种。可最大的麻烦就是谭微道神父已经过世了，他在四川发现的那棵珙桐或许也死了，但无人敢肯定。一位名叫奥古斯丁·亨利的爱尔兰医生兼植物猎人据说在什么地方看到过一棵珙桐。于是维奇命令威尔逊：要找到珙桐，你必须先找到奥古斯丁·亨利。

一年后，威尔逊追随亨利

的足迹来到了中印边境附近的丛林。亨利给了他一张村庄的示意图，20年前他在那里看到过一棵珙桐。随后他在越南河内、中国上海和长江三峡等地四处游历，八个月后威尔士终于到了那个村庄。他听到砍树声，果不其然就是亨利所说的那棵树被砍倒了，用来作房梁。

换作是一个毅力稍不坚强者早就放弃或拿着手帕掩面泣不成声了。可威尔逊咬紧牙关，拖着沉重的步子，朝谭微道神父所记录的那棵树的方向继续向北寻找。跋涉数周之后，他果然又找到了几棵，而且正值花期。1900年，威尔逊怀着胜利的心情给维奇写了回信，并附上一包胡桃大小的、盼望已久的珙桐种子。

接着意外的打击来了。威尔逊是该笑还是哭呢？其实法国人在五年前就赢得了这场比赛，英国人却不知道。1897年，大卫的一个接班人，法尔热神父，已把珙桐的种子送去法国莱斯巴雷斯的维尔莫兰的苗圃了。那一包树种共37颗，发芽的只有一颗，却长得很

罗沃里的珙桐

快，1906年就第一次开花了，比威尔逊的幼苗早五年。这是一个变种的母亲树［这个变种叫光叶珙桐（*Davidia involucrata* var. *vilmoriniana*），其叶背更光滑］，世界上大部分的珙桐都是由它繁殖而来。

　　我照片上（见上图）的这棵树生长在唐郡罗沃里——是由法尔热早期引进的树种发育而来。刚种上不久它的主干就没了，因此现在长得像灌木一般，50英尺（约15.24米）高，50英尺宽，每年5月长出的"手帕"给1000个人擦鼻涕或擦眼泪都够用。

白鹭还是红鹳

　　不妨种一棵滇藏木兰（*Magnolia campbellii*），然后再等上30年看它开花，这真令人兴奋。

　　1979年一位慷慨的玉兰花培育者赠了我一棵玉兰树，他名叫朱利安·威廉斯，康沃尔凯尔海斯城堡的主人。他们家族对玉兰和山茶的狂热已有三代之久了（他父亲在20世纪30年代培育出了闻名遐迩的"威廉斯"杂交山茶）。他介绍我认识了照片上的这棵树，我的新树兄长。它的母亲树是来自喜马拉雅的原始移民。

　　这棵生长在凯尔海斯的树是滇藏木兰的白色变种。尽管它是遍布于从尼泊尔到中国之间的喜马拉雅山脉中的野生树种中很常见的一种，但很少有栽培。现在它还很年轻，只有50英尺（约15.24米）高，到壮年时它的高度会增高一倍。它每年春天能开出上千朵花，每朵花有8至10英寸（1英寸约为2.54厘米）长。4月初，乍一看，这棵树就像是一群白鹭的家园。

　　四季常青的荷花玉兰（*Magnolia grandiflora*）和北美大叶木兰（*Magnolia macrophylla*）是北美洲最著名的两种原生玉兰，都在夏天开花。而滇藏木兰在早春盛开时，叶子尚未长出来。除了这一点，其花朵之硕大和花树之高耸都让人们愿意花半辈子的时间等它成熟。

　　顺便说一下，我自己的玉兰没有让我非得等30年。它去年就开了两朵花，从种子种下去到开花只用了18年的时间。花有汤碗那么大，颜色惊人。朱利安·威廉斯老早就提醒我不要盼着它开出洁白色的花。它实际开出的花是淡红色，老式的女款内衣那样的颜色。

　　但是我依然满心欢喜。我花园里来的不是一群白鹭，而是红鹳。

凯里郡罗斯都汉的海，如桫椤一般碧蓝

一簇丛林

　　我们置身于桫椤的世界，有些形状像手掌且硕大无比，另一些却发育尚小；一些如庙宇中的石柱高耸挺拔，另一些弯成弧形，或东一丛西一簇，横逸斜出，朝四面八方倾倒……

　　　　——梅雷迪思夫人，《我的家园在塔斯马尼亚岛》，II.161-164，1852年

　　　　　　　　　　　　（塔斯马尼亚岛的早期居民论巨大的桫椤）

赫利的复乐园

康沃尔最奇诡的花园，在特鲁罗附近的赫利，自称为"赫利的失落园"，它不仅是地图上指引我们找到让人怒烦的路标的参考，而且堪称是一个失落的世界。桫椤呈现出一片地质时代原始森林的风貌，森林里长着100英尺（约30.48米）高的石松和木贼。让人感觉好像跌跌撞撞地又退回到地质时代的英雄时期，这个时期还没有出现开花植物，更没有银杏。

花园的主人逃跑后任其自生自灭，从这个意思上讲，也可以说赫利失落多年了。有些植物的确喜欢自由自在的生长。可是最初把生长在森林下层的黑海杜鹃（*Rhododendron ponticum*）种进来是让它庇护弱者的，谁知终究适得其反。庆幸的是，人们建立一个慈善基金机构来拯救赫利，而其已经创造了奇迹，许多古树已被救活，包括那些桫椤。

在右页这张照片上，你能看到如意井后面有三棵软树蕨（*Dicksonia antarctica*）。两棵是活的，中间那棵已经死了（据推测应该是被黑海杜鹃绞杀的）。高15英尺（约4.57米）的树干是该植被的一个特别之处。从植物学意义上讲，它们是蕨类植物而不是通常用于指代乔木的"树"。将营养物质从根运输到叶子的不是真正的树干，只是"木质的茎"：一堆由残留的老根和叶柄所构成的支柱。

最壮观的是它的叶子。每年一棵软树蕨能长出30片6英尺（约1.83米）长的新叶，弯成拱形犹如棕榈叶。观赏软树蕨时会感觉仿佛身处热带。但是该树种却产自澳大利亚凉爽潮湿的大山里。它避光生长，每天只需头上浇桶冷水即可。

康沃尔很乐意效劳。你可以拿它的叶子当伞用。

右页图：赫利的软树蕨

蓝如大海的桫椤

采集者们采集的树种通常在我们看来索然无趣。可这里的这个珍贵树种连一块石头的想象力都能俘获。它叫银背番桫椤（ *Cyathea dealbata* ），是一种产自新西兰的桫椤，出了名的精致，生长在凯里郡野外的罗斯都汉。

这个生长着几百棵番桫椤的花园，与英国或爱尔兰的其他任何地方相比，大概是最不容易受到霜冻侵袭的地方。总之，除了那些移居到锡利群岛的以外，这些番桫椤是唯一被我们所知的、在野外快乐生长的、如杂草一般一直蔓延到此处北纬51度30分的番桫椤。

就像软树蕨，番桫椤需要湿润的环境才能健康生长，但整体上比软树蕨更优雅。茎基高挑、弯曲有致，宛如椰子树干。叶子呈蓝绿色，叶背呈银色，弯成一道弧，犹如鸵鸟的羽毛。

这棵银背番桫椤蜷伏在生长着其他蕨类的丛林中，上面有高耸的蓝桉（ *Eucalyptus globulus* ）的掩护。1994年10月初，在炎热的晨光里，我给它拍了这张照片。前一天晚上，我们在比外海还要远的肯梅尔，在这片欢乐的土地上，我们对霜冻几乎没有什么感念。孰料，第二天清早，从田野一直到河口湾的堤岸白茫茫落了一片霜。而在罗斯都汉，却一丝霜都没下。那个花园是在19世纪末从一个狭小的岩石海岛雕琢而来，海岛被海湾里的海水温暖着。此时糙果松围成的树墙正枝繁叶茂。

如果他们能在新西兰培育出一株生命力顽强的新番桫椤（顽强到能在我的花园里生长），我定会福杯满溢。

左页图：罗斯都汉的银背番桫椤

第三部分

神圣之树

圣　树

　　因此，将决心看作其唯一的后盾与伴侣，他一心一意地寻求顿悟，于是来到一棵菩提树根旁，地面上为绿草覆盖，犹如一层地毯。佛陀王子菩提树下顿悟。

——《佛陀的一生》

（埃夫里尔·德席尔瓦–维吉耶编辑）

左页图：马奇马克尔红豆杉的树心

第92-93页图：博罗代尔的华兹华斯红豆杉，"四兄弟"中有三棵活了下来

鲜花绽放还是阴郁忧伤

春天又带来了花儿

带来了新的鸟兽

在你的暮色里，时钟

敲出人类渺小的生命。

哦，这光彩，这花开，不会为你，

在狂风中变化，

燃烧的夏日也无法

触摸你千年的忧郁。

——丁尼生，《悼念》，第二诗节

在英国各地的墓园里，树围约30英尺（约9.14米）的巨大红豆杉大约有50棵。赫里福德郡马奇马克尔的那棵红豆杉是其中的一棵。因此据估测至少有一千岁了，如同丁尼生《悼念》里的那棵红豆杉。树基周长为31英尺（约9.45米），瓶子形状，最下面的10英尺（约3.05米）

左页图：马奇马克尔的红豆杉

树身全是中空的，大概比13世纪修建在那里的基督教堂还早。

曾经它的树枝大概悬挂过异教徒的战利品或者牺牲品被割下来的头颅。基督教本来要将这一切肃清的。直到宗教改革运动，其深绿色的叶子本来要为棕榈主日游行提供棕榈的：在外来树种从欧洲引进之前，找不到其他合适的四季常绿树。直到现在，"棕榈"（palm）这个词仍作为红豆杉的同义词在英国的某些地方使用。

作为基督教的象征，这棵红豆杉面向两个方向，犹如两面神的头。这棵看上去长生不老的树代表了生命，而其有毒的鲜红色莓果和如钢铁一般有弹性、可用来造矛和弓箭的坚硬淡红色木头则预示着死亡。

在这些方面，马奇马克尔的这棵红豆杉是其同代中的典范。然而，尽管丁尼生用词不讲情面，我仍然认为它是一棵很阳光快乐的树。其树枝织就的巨大华盖由铁柱撑着，顺着南门廊继续往外延伸。树干内的空洞里为教区居民安置了一条长凳子，宛如公园的凉亭。

为了自己不被冤枉，丁尼生对"千年的忧郁"有了更好的看法。在一个修订后的诗节中写道：

朝你也会走来黄金时刻

当花儿之间温情触摸。

在马克罗斯的天使中间

他们过去常跟我结伴而来的地方

有百位天使从天而降

肩并肩，悬在我头上方。

讨人爱的是那棵红豆杉：

我愿被放在它身边。

——莫里斯·奥唐奈

《圣科伦巴传》，16世纪

（原文译自爱尔兰语）

我们从那位中世纪的威尔士牧师格拉尔杜思·凯姆布林西斯那里得知，红豆杉是爱尔兰人的最爱。1172年爱尔兰被诺曼人入侵，入侵之后不久，他去过四次。"红豆杉"，他在其著作《爱尔兰的历史地貌》一书中写道，"在这个国家遇到的频率比我去过的其他任何地方都高；但你会发现它们主要生长在古墓园和神圣之地，它们是被古代那些圣人的双手种在那里的，可以达到点缀和美化的效果。"

在经历了8个动乱的世纪之后的今天，爱尔兰的墓园中的红豆杉比英格兰或威尔士都要罕见得多。但在凯里郡基拉尼附近的马克罗斯修道院里，破败的回廊中央生长着一棵著名的红豆杉。

对它的首次描述是在《爱尔兰之旅》这本书中，作者是阿瑟·扬，这位英国的农业改良者，曾于1776年到爱尔兰，寻找志同道合的地主，却连连劳而无功。那次爱尔兰之旅真可谓代价惨重。在回伦敦的途中，扬轻率地将他装有私人日记的行李交给了巴斯的一位仆人，后来这名仆人拿着行李箱偷偷溜了。因此此书更多的是谈论蔓菁田而非生动的逸事。但是他谈到马克罗斯红豆杉时，满心敬畏与欣喜："毫无疑问，这是我所见过的最惊人的红豆杉。"

有人大胆地说，扬对蔓菁的了解胜过红豆杉。如他所说，那棵马克罗斯红豆杉直径仅两英尺（约0.61米）。这简直就是从红豆杉树上剪下来的一根树枝——在爱尔兰更是这样。

然而这棵马克罗斯红豆杉的惊人之处有两点：它优美的造型和奇异的姿态。它就长在方济各会修道院回廊的正中央，红褐色的树干向上生长的样子就像螺丝锥，短而粗的树枝像伞盖一般向四周辐射。它是在方济各会的修士来之前兀自生长的一棵野红豆杉呢，还是在回廊建成前，为了达到什么目的而被种在那里的呢？

当地人认为，这棵红豆杉出现在马克罗斯

的时候，人类尚未被上帝造出来。我宁愿相信他们的观点。可是它的规模和修剪齐整的造型，看上去又像是人种的。我预测它栽种的时间介于15世纪修道院修建开始到16世纪宗教改革运动的结束之间。如果是这样，那么把它种在那里就是为了达到"点缀和美化"的效果（如格拉尔德杜思所言），无疑也为棕榈主日游行提供棕榈，就像种在教堂旁边的那些老红豆杉。曾经它当然可能是一棵野生红豆杉——甚至可以说是一位心甘情愿的俘虏，被方济各会的修士俘获、移栽和驯化，就像他们驯化鸟兽一般。（今天它更像一个俘虏了，管理遗迹的爱尔兰公共工程办公室把这棵红豆杉圈进了栅栏以免乘客破坏。）

　　离马克罗斯仅1英里（约1.61公里）的地方生长着基拉尼一片著名的红豆杉林，爱尔兰最大的

马克罗斯红豆杉

野生红豆杉林，黑如修道士服。这是一个让圣·哥伦布西里欣喜万分的地方——这些红豆杉足以肩靠肩坐下一万个天使——这片树林长在骨感的石灰岩突上。这层石灰岩突来自几百万年前的海洋。

诗人笔下的树

　　……有一棵红豆杉，是红豆杉之父，现在却依旧在生长、枝叶繁茂，年岁古老——我所见过的最大的树。我们这个国家的大树还真不少，但我所见的这些树无一例外地只有这棵树的树枝那么大。

　　　　　　　　　——多萝西·华兹华斯,《书信集》

　　　　　　　　　　　　　1804年10月7日和10日

　　　　　　　　　　　　　（论那棵洛顿红豆杉）

左页图：通往生长在博罗代尔的华兹华斯的红豆杉的小径

华兹华斯笔下的红豆杉

那里长着一棵红豆杉，洛顿山谷的骄傲，

一如既往，独自矗立在自己的幽暗里……

苍茫的枝叶，深邃的忧郁

这棵孤木！——一个活物

永远生发，永不枯萎；

气宇轩昂，不容破坏！

——华兹华斯，《红豆杉》

"华兹华斯笔下的这些红豆杉今天一棵也没有留下吗？"，我向湖区洛顿那个整洁、白粉墙的村庄里我所寄宿的那家主人问道。他带我去看了一棵年轻的红豆杉，1803年华氏写这首《红豆杉》时，它还未出生。我本以为那棵就是华氏笔下的红豆杉了。

又过了一两年，我又去洛顿。我从一个废置的啤酒厂后面仔细瞧——擦亮眼睛瞧。难道它就是……？天呐，还真是。原来它就是"洛顿山谷的骄傲"，半遮隐在墙后面，长在霍普贝克河岸边（见左页图），显然洛顿人对它并不了解。

它至今依旧孤苦伶仃，如华氏所言——一副憔悴相，长在霍布卡顿岩下薄雾笼罩的田野里。可是，对一位浪漫主义诗人而言，华兹华斯竟然忽略了风的力量。19世纪的一场暴风雨将此树毁了一半，树干高度减少到仅13英尺（约3.96米）。当地的农家绵羊不断造访活下来的另一半树，啃掉了一圈树皮。

这里的这棵千岁树，远在华氏之前就出名了。贵格会布道者福克斯曾向涌向其树枝的人群布道。今天还有人关爱它吗？我驱车前往3英里（约4.83公里）外的科克茅斯去观赏用此树的木材制成的市长椅子。上面刻着"华兹华斯红豆杉"的字样。可是向我展示椅子的那位女士却不晓得，那棵树仍健康地活着，并且还在长新枝。

浩博卡尔顿绝壁以南，凯西克以外就是博罗代尔的野山谷，也是因为华兹华斯写进了《红豆杉》而出名：

然而更引人注目的
是博罗代尔"四兄弟"
结成一个庄严而宽敞的树丛
巨大的树干！……幽灵般的造型
可能在当午会面……
在那里庆祝
正如在一座天然的寺庙里，
祭坛未被苔痕斑驳的石头惊扰
统一祭拜……

在1883年的大暴风雨中，"四兄弟"失去了一位。要不它们依旧会像华氏所描述的那样。这是一个圣地。这些大红豆杉离开公园或墓园的庇护，仍能在光秃秃的山坡上存活，真是罕见。悲伤的是，我能感觉到——在洛顿也有过这种感觉——没有谁会特别在意这些名树。现在这片山坡归全国托管协会织所有，他们却让这些树自生自灭——让羊群造访。

没有移向邓斯纳恩的那棵树

> 除非伯纳姆森林会向邓斯纳恩移动，我对死亡和
> 毒害都没有半分惊恐。

——莎士比亚，《麦克白》，第五幕，第三场

是个学生都知道，麦克白是被巫师误导了。伯纳姆树林的确移向了邓斯纳恩，还用树枝掩护着马尔科姆的士兵们，并且麦克白也罪有应得。如果莎翁亲自去那里调查的话，他一定也会知道这里有棵栎树的。不知何故它躲在伯纳姆森林后面。

它看起来像是中世纪的树：那片大栎树林中的最后一棵，这片栎树林曾一度横跨邓凯尔德东1英里（约1.61公里）处的泰河两岸和旁边的山坡。我给它拍这张照片的时候，正好是1996年2月一个暴雪天雪下得最紧时，只得在树洞里躲避。（通常状况下我不建议这样做，因为其他占用者会用此树来达到别的目的。）

远远地伸向四面八方的树枝由8根木拐杖支撑着，就其树干的中空只有靠地面的10英尺（约3.05米）而言，它看上去已非常健康了。这多亏了当地的树木保护组织。大部分当权者原本会说麦克白的树太危险，得把它的头除去——就像除去麦克白的头一样。

长在伯纳姆的麦克白的树

纪念一位战争英雄

　　从彭斯赫斯特，锡德尼在肯特的豪宅，穿过公园，你会看到一棵树。它名叫"锡德尼的栎树"，它与伊丽莎白时代的战争英雄兼诗人，菲利普爵士的关系由来已久。

　　最近，我被告知，一些孩子在它身上放了把火，现在已成废墟。雅各布·斯特拉特在1882年画它的时候（见右页图），它已经中空了，鹿头一般的模样，但依旧体型巨大，树围有30英尺（约9.14米）。

　　这就是那棵因为本·琼森的诗行——宣称它是在锡德尼出生的那年1554年种的，而闻名遐迩的栎树吗？

　　　　那棵较高的树的坚果，

　　　　在他伟大的生日时，种在了所有女神会集的地方。

　　当约翰·克劳迪厄斯·劳登在19世纪30年代写一部关于树的书的时候，他要求锡德尼家族的家长德莱尔勋爵来解决这个问题。

　　德莱尔勋爵回答说，本·琼森（和后来的埃德蒙·沃勒）一定是编造了栎树生日的故事。此树可追溯至中世纪，是本·琼森最喜欢的树。他正是坐在这棵树下面，写了那些关于牧羊男女的诗歌。

1995年2月我去了彭斯赫斯特给此树拍照，随身带了一本锡德尼的作品。翻开的那页正好是出自《爱星者与星》写绵羊的诗行：

> 去吧，我的羊群，去找一个牧草更肥美的地方。

此树看上去当然是中世纪的。它已裂成两半，并且烧成一片废墟。彭斯赫斯特的羊群安静地吃光了所剩下的部分。我认为本·琼森是不会介意的。至少他是非常喜欢羊的，如果他的诗歌可信的话。

锡德尼的栎树：现在是一个烧毁的废墟

悬铃木下的托尔帕德尔蒙难者和告发他们的政府间谍

自由之树

　　啊，光荣的法兰西，战争已爆发，全国陷入嘈杂与硝烟之中；最终赢得了倒圆锥形的自由之帽。在所有城镇里，也已种上了自由之树。

——托马斯·卡莱尔，《法国大革命》，I.423

托尔帕德尔的殉难

多塞特托尔帕德尔的乡村绿野上靠近烈士客栈的地方长着一棵大欧亚槭（*Acer pseudoplatanus*），已严重致残。从不断有淡红棕色树皮脱落的巨大的树干来看，我猜它有250岁了，是英国最古老的欧亚槭之一。

这就是那棵烈士之树，多年来一直被呵护有加，或许呵护过头了：它的头被修剪得像罪犯一样，树干被锈迹斑斑的铁皮带捆着。

这是一个圣地，左派分子的朝圣地。在1834年，六位被雇主盘剥的农民工就是在此树下面结成了英国的首个贸易联盟。他们想要获得更高的工资和更好的条件。当地的行政官下了逮捕令，他们被捕后被送往多切斯特，因被指控煽动罪而接受审讯，结果获罪被判处七年服役并发配至植物湾。

19世纪的英国社会矛盾突出，但不是欧洲那种震惊寰宇的过错。托尔帕德尔事件并未让英国四分五裂（而后来发生在世纪末的德雷富斯事件却让法兰西分崩离析）。

这六位工人——我们称其为托尔帕德尔六人帮——的困境被议会中的反对派庄严地接力了下去。接着出现了各种大规模的请愿、抗议集会，以及展现他们六个人坐在树下的大幅海报。利物浦勋爵的政府很尴尬：上面的判决的确看上去很过分了。在澳大利亚当了三年的牧羊人后，这些受难者刑满被放了回来，靠生长在乡村绿野里的那棵欧亚槭而生活；不管你如何看待他们，是他们让托尔帕德尔名声大噪的事实是确信无疑的。

我希望我可以说这个故事结局圆满——我指的是这棵奇树的故事。但看到它自身的蒙难，我震惊了：混凝土哽住了它的胃，铁棒勒进了它古老的树皮中。

有些殉难者命运之悲惨要甚于死亡。

右页图：长在托尔帕德尔的殉难者的欧亚槭

叛军主帅的栎树

法国大革命期间，自由之树通常是栎树。

在英国，自从博斯科贝尔栎树尊封为圣树以来，栎树就成了英国帝王的象征。它将查理二世从克伦威尔军队的追捕中拯救起来。每年5月29日庆祝栎树节，这棵皇家栎树连同一张附在树上的国王图片，成了全国范围内最受人喜爱的酒吧标志。

人们对博斯科贝尔栎树的崇拜加速了其死亡。爱国人士折下它的树枝来表达他们的感激。它到19世纪末就死了（尽管今天它的后代生长在博斯科贝尔那里）。

但是诺福克郡怀门德姆的克特栎树存活下来的时间更早，那时栎树是可以作为革命象征的。罗伯特·克特似乎不大可能领导农民造反。他是一位57岁的制革工人，在距离诺威奇步行3小时路程的怀门德姆拥有大量土地。1549年7月，他领导了一场反对王国政府的起义。小农组成一群民众（按他们的敌人的说法，他们喝醉了）在村外一棵树底下的一片公共用地上集合。他们要求要停止圈占公共用地的行为。自己也曾圈占公共用地的克特同意他们的要求。他发表了一个振奋人心的演讲，那群民众向诺威奇出发，一边行进一边壮大力量。不多久，克特的部队人数就达到了两万，并攻下了诺威奇城堡。为了改革教会与国家中的腐败，他起草了一张清单，里面列了29项要求。可是国王爱德华六世对克特的清单不感兴趣。他派去了沃里克伯爵，三下五除二就把叛乱镇压下去了。狭板与权子敌不过枪与骑兵。克特被捕了，判处叛国罪，在诺威奇城堡处以绞刑。

但他的精神——他的栎树——万年长青。

怀门德姆外的这棵老栎树被赋予了改革的名义，成了激进分子朝圣的常地。约翰·伊夫林，既是树木顾问，又是查理二世的朋友，独爱栎树。可是他在其著名的《森林志》中是这样描写克特栎树的：

在此期间，我只遇到一个这棵树被滥用的例子：这棵优美的树（在我们国家）被用来遮掩不敬的企图，正如反叛头目克特，在爱德华六世（成了诺福克郡那场疯狂的叛乱领袖）统治期间，建造了一座简易的栎树（假借改革栎树的名义）住宅和会议所，他就是在这个会议所里下了他的叛乱诏书的。

难怪伊夫林原本想用自己的双手把那棵树砍倒。如果让他知道克特栎树就是《森林志》所记载的、仅存三棵完好无损地又活了330年的树中的一棵，他肯定会咬牙切齿。（克特的另一棵栎树在诺福克的莱斯顿，但我认为伊夫林所

怀门德姆的克特栎树

指的是怀门德姆的那棵。）它能活下来就更加非同寻常了，因为此树离通向诺里奇的那条道路，现在叫B1172，也就一个手臂的距离。那条路就是1549年那些在劫难逃的叛乱分子所行走过的（尽管那块公用地现在已被圈占用做了油菜地）。

1994年6月，我一边躲闪小轿车和货车，一边拍下了这棵树。

100年前，克特的爱慕者们在树的四周围了一圈铁栅栏，后来当地政府又强行加了一根柱子将树撑起来并修建了一条路侧停车带。1953年与王国政府的和解似乎成为可能。为了庆祝加冕礼，克特栎树的一粒橡果被种在了附近的地方。但叛乱头目不打算妥协。反正那粒橡果还是消失了。

第四部分

梦幻之树

门口与家

内部是空的，中央摆放了一张桌子，周围是长凳子。然而，这个拱顶已经塌陷了。

——贝利，《萨里郡史》，第四卷，第132页，1850年

（对克罗赫斯特红豆杉的描述）

左页图：克罗赫斯特红豆杉的树心

第118-119页图：在皮奇福德府邸上的那棵阔叶椴树里所建的18世纪的树房

克罗赫斯特的树洞

我们观赏一棵古老的红豆杉就像是观赏中世纪的建筑，会惊诧于造物主的制作工艺之精致，但有时候树与建筑之间的界限会变得模糊。

离那棵巨大的坦德里奇红豆杉几英里远的地方是一棵它的姊妹树，树围大致一样，分别为31英尺（约9.45米）和34英尺（约10.36米），只是树龄大概更老些。这棵红豆杉长在萨里郡克罗赫斯特墓园的西头。

它作为伊夫林所知晓的最老的树而被引用在《森林志》中。它再一次被约翰·奥布里在他的萨里郡史中引用。

树干整个都是空的，内部空间的直径约为6英尺（约1.83米）。在19世纪初期，它显然是被改造用来当房间，里面还布置了桌椅。改造过程中，还发现了一颗内战时的炮弹，牢牢地嵌入在树干里。这个树房间的东边割出了一个洞口，并接了一扇木门。

是谁把这棵树当成他们的家在里面住过？我们无从知晓。它是牧师夏日的凉房，教堂司事的赌博窝点——还是仅用来存放煤炭的洞穴？1845年被一场暴风雪侵袭，顶子都掀了下来。但是半个世纪之后，当红豆杉专家约翰·洛进去查看时，里面的桌椅仍旧还在。

1994年7月，我给它拍照时，门微微张着，但没人在里面。现在里面呈现出一派奇特的景象。老红豆杉树上的新木像珊瑚一样不断地累积。这个老屋现在像一个洞穴，发出回纹岩石一般淡红色的光芒。

下次遇到寻找归宿的隐士时，我会把克罗赫斯特推荐给他。

左图：克罗赫斯特红豆杉

皮奇福德的树上茶屋

邻近什鲁斯伯里的皮奇福德府邸里长着一棵阔叶椴（ *Tilia platyphyllos* ），是英国或爱尔兰所知的最粗的树。此树种天生树枝粗壮、颜色灰白，看上去好像是几百年的巨树了。在一张17世纪末的花园地图上，此树已经大到能头顶一座房子了。

树上的这座建筑可能一直都是一座简易的花园棚屋。眼下的这座树屋可追溯到18世纪中叶，十有八九是由托马斯·普里查德，一位什鲁斯伯里的建筑师设计的。

其主人，奥特利家族，不断地对他们的主屋进行修建与重修。一百年前，这座树上之屋的室内粉刷着灰泥，房顶是石板做的，后来成了半木制的，并且盖上了瓦片跟主屋相称。

树本身是修剪过的，用一层一层的铅皮将树干与树枝交汇处的空洞包裹了起来。在这种状态下，它才安然无恙地挺过了一场场飓风。科尔赫斯特家族就没有这么幸运了。他们只是名义上劳埃德家族的一员，仍未能幸免于一系列的飓风侵袭。皮奇福德不得不将其出售了。

右图：皮奇福德阔叶椴
左页图：树屋的室内

其神秘的新主人（当地人称他是一位阿拉伯人）很慷慨地允许我来观看树上之房。

我爬上木楼梯，推开门，发现还有空间放几张椅子和一张大小适中的茶几。据说维多利亚女王年轻时曾在这里喝过茶。房子上的石膏刷得很雅致：简直就是集中国风、哥特风和古典风于一身的美味的洛可可蛋奶酥。这就是巴蒂·兰利在其出版于1742年的著作《古建筑复兴》中弄出名堂的那种的风格。只是椴树抢了石膏图案的镜。

屋外，8英尺（约2.44米）粗的树枝向尖拱形的玻璃窗上投下巨大的魅影。

维尔贝克的绿树下

在拉特兰和诺丁汉一带，有个长满草莓叶的地区叫作公爵地，它得名于当时最气派的公爵——波特兰公爵。公爵三世，也就是1783年的英国首相，在随后拥有了这座精美的花园，里面长着最古老的栎树。

两棵栎树矗立守卫在北门的两侧，它们是出了名的"大门童"和"小门童"。1790年一位名叫梅杰·鲁克的树迷给它们量过树高，分别为98英尺（约29.87米）和88英尺（约26.82米）。

过了一代人的时间之后，公爵四世的园丁默恩斯先生告诉劳登，两棵树的高度矮了10英尺（约3.05米），开始衰老了。"从某个遥远的时代起，它们就不断向四周伸长，巍峨而高贵……它们在衰老却依旧雄伟。"

如今"小门童"莫名地又进入了生命的春天（见右页图）。当你沿着通往住宅的车道走时，你会看到它在左边迎接你，高大魁梧，树肩宽阔，躲在山羊胡和络腮胡须状的翠绿色的树叶后面，让你看不出年龄——如果它在1790年就算古树的话，那么现在至少450岁了。"大门童"也一直活到最近，直到被一场暴风雨击

1775年的格林代尔栎树

倒在地。

公爵地所有树中最最出名的就是那棵格林代尔栎树。当你驾车穿过大门时，大小门童侍立在你旁边，而格林代尔栎树本身就是一个大门。

曾经有这样一个故事：1724年，公爵一世吃晚餐时，告诉一位朋友，自己有一棵栎树，大到你可以驾驶一辆四匹马拉的车从中穿过。"你敢打赌说这是真的？"那位朋友问道。公爵

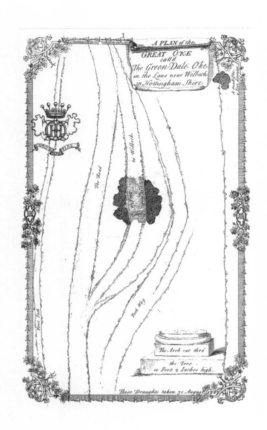

格林代尔栎树，乔治·弗图，1727年

格林代尔栎树，雅各布·斯特拉特，1826年

便下令给他的伐木工们。趁两位绅士在伐木工们的钻孔机旁徘徊的工夫，伐木工们就在栎树里割出了一个拱形门道，10英尺（约3.05米）高，6英尺（约1.83米）宽。第二天清早，公爵的最狭窄的四轮马车从那棵格林代尔栎树中穿过，因此公爵赢了。

接下来的200年里，这棵毁坏严重的栎树被不断地测量、描绘和雕刻，如同一副解剖标本，

形体渐渐地变小，却依旧能让人费力地辨认出来。

19世纪末期，这些大栎树都被它们的主人，人称"鼹鼠公爵"的公爵五世忽视了。

他没有驾车从栎树中穿过，而是在公园树底下设计了一条隧道，目的就是为了不让他的邻居看到他去自己的私人火车站（他是害羞的五世公爵）。

圣爱德华教堂的柱子

大部分红豆杉的年轻后代温顺地蹲伏在墓园里。而这一对红豆杉却像两根柱子一般矗立在斯托昂泽沃尔德圣爱德华教堂的北门两边。我钦佩它们的大胆。

"它们被认为是祸害，要被砍倒"，牧师罗瑟里先生说。"不过在我活着的时候，不会动它们。"罗瑟里先生勇敢地说。

跟罗瑟里商定好，我在折梯上度过了一个快乐的下午，修剪右边这棵树上的须枝，以方便我拍照。

我猜想这两棵树应该是在18世纪的某个时间种下的，来充当北门的门框。那里肯定有一条很正式的林荫道，不然如何解释其淡红色、有棱纹的挺拔树干，在尖顶拱两端下方的部分为何都是光秃秃的呢？

眼下其树根正在向四周蔓延，犹如狮子的利爪，正在跟维多利亚时代的擦靴板嬉戏。

我希望这会分散它们的注意力，不要把这座教堂拆毁。

左页图：圣爱德华教堂的双胞胎红豆杉

利文斯府邸的大伞盖，17世纪的幸存者，那时这个花园是由纪尧姆·博蒙特设计的，
他是詹姆斯二世规则式花园的园丁

墙、人行道和"谜题"

无惹人喜爱的盘根错节介入，
无人工的野性扰乱此景。
树丛向树丛点头致敬，每条小径皆有一弟兄，
半个高台就能映射另一半。
难受的眼睛里的自然是倒置的——树剪成雕像：
树木般茂密的雕像。

——亚历山大·蒲柏，《道德论集》

抢了埃玛·汤普森镜头的树篱

> 我更喜欢观赏浓密茂盛、枝杈向四面八方伸展的树，不喜欢它被修剪成几何图形。

——约瑟夫·艾迪生，《旁观者》，1712年

艾迪生在《旁观者》上发表了这一浪漫主义的战书之后，追求规则式园艺、编结椴树和鹅耳枥以及修剪红豆杉树雕的时尚就在英国终止了。在十年的时间里，威廉·肯特就实现了向园林景观的著名飞跃；用霍勒斯·沃波尔的说法就是"他跳过栅栏，发现整个自然就是一个花园"。

先前两个世纪里按照规则式风格所修建和种植的大部分的英国大花园接着就向这股新的对自然的狂热投降了。能人布朗将数英里优良的红豆杉树篱和树雕连根拔起，其破旧立新之热情如此高涨，无人能比。但是还是有几个规则式花园逃脱了改革者们的迫害——当规则式花园的时尚在一个世纪之后又回归时，这几个花园又复兴了。

幸存和复兴这两个过程都体现在坎布里亚郡的利文斯府邸和萨默塞特郡的蒙塔丘特宅院里的规则式花园上，这两座宅院都是归全国托管协会所有。在这张蒙塔丘特宅院照片（见右页图）的背景中，你能看到那片原始的树篱。经历了三个世纪的修剪之后，它已形成了自身独特的超现实风格，完全打破了预期的几何图形的风格。如果你观赏一下电影《理智与情感》中的场景，你就不会错过其独特的风格，这部电影是在蒙塔丘特宅院的花园里拍摄的。我原先以为这片树篱抢了埃玛·汤普森的镜头。

几乎同样独特的还有把爱尔兰红豆杉修剪成的蛋状树雕，为规则式园艺的复兴提供了主题。我只能给大家展示数百个蛋状树雕之中的两个。爱尔兰红豆杉比欧洲红豆杉叶子更浓密、身段更挺拔，修建之后会更优雅。这里的爱尔兰红豆杉无一例外都是雌树——也就是说即便修剪后仍会结球果。我在1995年阳光闪烁的夏日为蒙塔丘特拍照时，每个蛋状树雕都结满了纽扣一般、鲜红的球果，绚丽夺目。

在梅克卢尔位高责任重

梅克卢尔高大的水青冈树篱理所应当地出名。它荣获了泰赛德区授予的标志牌，它还荣幸地作为一个地标被汽车协会标在了地图上。它沿着A93这条从珀斯通向布雷马的主干道绵延四分之一英里（约0.40公里）：这堵水青冈绿墙，树间间隔18英寸（约0.46米），现在长到100英尺（约30.48米）高了。

看样子这堵树墙大约是在1745年种的，最初是为梅克卢尔那座大房子遮风挡雨的，当时房子归奈恩家族所有。流传着这样一个故事，负责栽种树墙的那些男人被叫走去参加詹姆斯党叛乱了，之后没有一个活着从卡洛登战役回来。

为了纪念他们，这片树篱被允许长到齐天高。

我向现在的主人，兰斯当侯爵八世打听这个故事的真伪。他是从一位奈恩祖辈那里继承来的这份遗产，现在是一位英俊的八旬老者，酷爱树木。他欢迎我搭乘他的高尔夫球车。然而，当我提及梅克卢尔的参天树篱时，他轻蔑地哼了一声。我才意识到，我触及的话题太敏感了。

一片有十层楼高的树篱修剪起来可不是件容易事，需借助吊车或脚手架才行。那些人们真是在冒着生命危险工作，光是危险工作的风险费就可想而知了。

"这全是废话"，他坚定地说。

你真丢脸，蓝斯当阁下。你的祖辈们曾为詹姆斯国王英勇杀敌、抛洒热血。

但是，请等一下，我误解了这位主人。他的意思是他怀疑这个故事的真伪，可是他意识到了自己诸多崇高的责任。他愿意继续花大量的财力来修剪这个庞然大物。

左页图：梅克卢尔的水青冈树篱

比克顿的智利南洋杉林荫道

流传着这样一个故事，1795年外科医生阿奇博尔德·孟席斯，乘坐乔治·温哥华船长的发现号轮船去太平洋探险，在智利总统接待他的晚宴上吃的甜点是坚果，他便顺手抓了一把装进了口袋里。轮船停泊在智利的西海岸，坚果是那里安第斯高原上的马普切人的主食。

孟席斯将坚果种进了花盆里，看着它们长成外形奇特的松树，但没有松针，枝叶没长成规则的轮生体（像车轮上的辐条），而是长出了鳞片模样的叶子，呈螺旋状排列。这种树的拉丁名*Araucaria aracauna*取自印第安部落的名字，中文名叫智利南洋杉。30年之后，孟席斯的这些树长成了大头钉状的树怪，有人评论说："爬那样的树会让猴子迷惑不解。"于是，猴谜树（monkey puzzle）这个名字便叫开了。

埃克塞特附近的比克顿的这条长长的智利南洋杉列曾经在英国最受人们的赞赏，罗尔家族沿着通向住宅的那条宽阔的车道种了一溜儿，树种子是于1844年从智利进口来的。这个地方多受大风的侵袭，一片荒凉。这些为安第斯山脉而培育的树在那里生长得最快乐、最高大。在一个世纪之内，那棵树王就长到了92英尺（约28.04米）高。然而，正如如此之多的其他那些产自太平洋的外来树种，智利南洋杉在我们这种气候里会迅速衰老。这些比克顿的树越来越憔悴，像是患了疥疮一般，有的已经在衰亡。现在的主人是比克顿学院，他们很明智，种了新树，没有把老树砍掉——堪称壮举。

自从19世纪40年代以来，人们对智利南洋杉的酷爱曾席卷英国大地，之后渐渐式微了。曾经你能发现沿着通向时尚住宅的门前车道边种着很多这样的树。现在它们被认为很俗气——或者干脆贬到公园的娱乐区域里。

植物学家们惊诧于鳞片一般的轮生体在茎上奇特的生长方式。它们不是像松树、云杉、冷杉等树种一样，每年长一个轮生体，而是平均每年只长约三分之二个。如果你能在你的智利南洋杉上数出66个年轮，那么它可能会有100岁。

又一个让猴子不解的谜。

右页图：比克顿的智利南洋杉

莫斯雷的起死回生

　　莫斯雷城堡，横跨邓凯尔德附近的泰河，孕育了英国许多最为神秘的树王：最高的塞尔维亚云杉、最粗壮的巨云杉和塞尔维亚云杉杂交种等。但其最显著、最阴森的特征是那条通往小教堂的死亡小径。

　　小径两边的70棵欧洲红豆杉种得很密实，大约是在250年前种的，小径从城堡式的房子通向小教堂。按照传统，莫斯雷的主人打这个方向只能经过一次：被抬着去下葬时。但是只要他选择在相反的方向走，走多少次都允许。

　　1995年9月，我拍下了现在的主人，罗伯特·斯图尔特－福思林厄姆悠闲地从小教堂往回走的情形。"请走回去，再来一遍吧。"我无心地说道。难道我忘了他处在罗特妻子的位置，更不用说欧里狄克了？往后退一步，哪怕是往后瞟一眼，都可能会结束他的生命。

　　庆幸的是，罗伯特·斯图尔特－福思林厄姆可不是个孩子。他从坟地那里欢乐地回来之前，走回了死亡小径外面的那个小教堂。

右页图：莫斯雷长着红豆杉的死亡小径

拯救新西兰

时间是1856年，康沃尔特里格里汉的卡莱恩这个古老的家族乱作一团：小儿子诱奸了马车夫的女儿。在被警告绝不许再做有辱门楣的事之后，这个小伙子就去了新西兰的绵羊牧场躲避风头，并很快地结交了形形色色的败家子，还赚了一大笔钱。

四代人之后，卡莱恩的直系败落了。那位败家子的后代，23岁的汤姆·赫德森，回来继承了祖辈的遗产。

他发现特里格里汉的那片花园破败不堪。就跟长在特里格里汉西南方向6英里（约9.66公里）的赫里一样，通常作为下层林的黑海杜鹃已变成了上层林。更糟糕的是，从半英里之外的大西洋袭来的暴风雨将这片树园变成了战场，较大的树被掀倒在地——蒙特雷的松树、落基山的崖柏等都没能幸免。蜜环菌如鱼得水，在这些倒伏的树身和朝天的树根上美餐了一顿。

从哪里着手清理呢？汤姆·赫德森先将主要通道清理出来，主道两边是两排爱尔兰红豆杉。这些挺拔的树大部分被杜鹃花的重量压垮了。汤姆把它们修剪成了一个哥特式拱廊。

接着他种下了几百种喜爱康沃尔温润的冬季和凉润的夏季的宝石一般珍贵的植物：尤其是源自中国西部和日本的山茶。

我拍了一张羞答答的山茶，它是鲜红色的山茶，踟蹰在那条红豆杉路旁。

左页图：特里格里汉的爱尔兰红豆杉

塔与坟墓

　　它不是思慕斯·里士满的家，不是埃克申的工厂，不是温莎城堡，不是射手山，也不是像妙手所描绘的远处的树丛或平原那样的风景图：而是惊鸿一瞥，让人最是欣喜，这一瞥一览无余。

——罗伯特·科德林顿，作于1650年前后

（登上汉普斯特德大榆树树洞内的42级阶梯到达树顶所见到的景象）

左页图：惠廷厄姆红豆杉10英尺（约3.05米）高处

策划谋杀达恩利

红豆杉可以在几乎任何性质的土壤里生长，可以长出千姿百态的造型。在东洛锡安郡惠廷厄姆古老的中世纪城堡——16世纪暗杀达恩利的刺客莫顿勋爵的家——旁边的石地上长着一棵最怪异的红豆杉。树围仅有11英尺（约3.35米），树高也就11英尺，树枝垂落形成了一个60英尺（约18.29米）高、周长为400英尺（约121.92米）的穹顶。

你走进这个树造的装饰性结构就像是走进雪块砌成的圆顶屋，须沿着一条树枝搭成的隧道跪着爬行。一面的树枝弯曲搭在一个铁架上就形成了这条树枝隧道。进去之后，你就可以挺直腰了。穹室约20英尺（约6.10米）高，感觉像是墓穴。（在9月的一个酷暑期间，我在那里待过；1月时，它俨然是一个由雪块砌成的圆顶屋。）跟以前一样，从盘结在一起的树枝中间筛下来的绿光制造出一种清冷的气氛。我花了一些工夫才支好三脚架并拍下了照片。从里面爬出来重回到阳光中，我感到全身的放松。

根据当地流传的说法，莫顿跟他的同谋伙伴就是在这棵大树的阴森森的树荫里计划谋杀苏格兰玛丽王后的第二任丈夫达恩利伯爵的。接着这些密谋同伙就被抓了，真是蠢到家了。他们果真是在这棵树下策划谋杀的吗？在他供认的时候，莫顿勋爵承认的确是在惠廷厄姆的"院子里"策划谋杀的——不管这里的"院子里"是指哪里。令人遗憾的是，在他被砍头之前，没有一个人问他，是不是指那棵树。

听说莫顿的阴魂在那棵红豆杉周围出没，我不会惊讶。我想这位哲学家兼政治家，阿瑟·鲍尔弗，1902年到1905年间的首相，不会否认这种可能性。

鲍尔弗家族在19世纪买下了惠廷厄姆宅邸，作为阿瑟·鲍尔弗的家宅有81年，当被一些当地的古文物研究者问及那棵树是否真是策划谋杀达恩利伯爵的地方时，贝尔福回答说，"历史的合理性要大于许多传说"。

左页图：惠廷厄姆红豆杉

散发着靴油味的巨树

韦斯顿伯特——由霍尔福德家族在格洛斯特郡修建的一片壮丽的植物园，现在由林业局管理——虽有许多令人倍感自豪的高大树木，却没有一棵树比那一丛管状的北美翠柏（*Calocedrus decurrens*）更让人惊叹，这一丛翠柏掰开了枫树林中的空地跟主车道之间的天际线。

这16棵树是在1910年种下的，1910年正好是第一棵此类太平洋巨树被引入到英国之后约半个多世纪。北美翠柏的拉丁文名跟英文名都有误导性：这种植物与雪松（属名为*Cedrus*）无任何关系，却与崖柏关系很近；其英文名incense cedar直译为香雪松，但它的"香气"指的是其木香，而非闻上去有股鞋油味儿的叶子。这16棵翠柏中最高的现在逼近100英尺（约30.48米）了。

然而，乔治·霍尔福德种这些树时，树间距只有12英尺（约3.66米）。这位伟人一定是被他的朋友们戏弄得够呛。初学种树的人才会犯这样的错误，把树种得这么近。但如果这真是个错误的话，这个错误可真是一个伟大的错误。这些巨树长得跟风琴一般挺拔，说来也怪，它们各自独立分开生长：16支分开的风琴管，整齐有序地包裹在绿得发亮、鳞片状的树叶里，它们垂直而立，让阳光洒在树的两面。

我很幸运能在繁荣的春光里睹见它们。霍尔福德在选择它们的同伴时必定是花了心思——一边是波斯铁木，另一边是鸡爪槭——这两种树在春天都是呈现淡红色，与绿得发亮的风琴管状的翠柏相映成趣。

回到其原产地，喀斯喀特西边温暖、干燥的山谷里，以及加利福尼亚州和俄勒冈州的其他的高山里，这种巨树并无什么特别吸引人之处。树形也长得很普通：就是一个典型的、轻松自在的加利福尼亚居民，没有生长在韦斯顿伯特那里的那样刚硬挺拔。而且其木材容易烂心，因此木材商对它没兴趣（这对树倒是幸事）。

在气候更加凉爽、更加湿润的爱尔兰和苏格兰，这种树向四周蔓延生长。我自己的这些树都是霍布斯式的：险恶、野蛮和低矮。

为何生长在韦斯顿伯特和英格兰南部其他地区的此种树就长得坚挺、秀美？这个问题一直让专家们困惑难解。虽然这个问题会让他们很懊恼，但是我确信，这个谜一般的问题并没有让霍尔福德家族心烦意乱。

右页图：霍尔福德的翠柏

垂柳与蔓生植物

　　祝您健康，柳树大人。给我造个球拍让我去打这个红球吧；
除此之外，最后我定要将我的竖琴挂到您身上。

——路易斯·麦克尼斯，《树宴》，1962年

左页图：生长在邱园的"康思国先生的"紫藤

151

邱园逆时针盘绕的紫藤

"这个国家所引进的攀缘植物没有一种曾为花园增添更多的美色。"W. J. 比恩在其第一版论述木本植物的多卷本权威著作中，如是评论紫藤（*Wisteria sinensis*）。比恩在第一次世界大战前夕还在写作，不过后来的编辑们也找不到什么理由改变这句话。

尽管多花紫藤很风靡，它能开出比紫藤长得多的总状花序，但是紫藤却依旧流行不减，它生命力更加旺盛，生长更迅速，开花更早。5月，其淡紫色或淡丁香紫的花朵会将一面墙或一个藤架淹没。12月，其粗壮光秃秃的茎蔓盘错在一起犹如美杜莎的蛇发。

可是，它称得上是树吗？我认为不是——然而就是想把它纳入到树的范畴。我的理由是：其蛇一般的躯干在规模上有时候很像是树——树围5英尺（约1.52米），树高100英尺（约30.48米）——不过它们得找某棵饱受磨难的老树或一座房子来倚靠。

对一种在欧洲如此容易生长的植物而言，说来奇怪的是我们的所有的这几万株好像都是

左页图：邱园的紫藤

源自长在中国的同一株母本。其母本植株生长在一位中国茶商在广东的花园里，"康思国先生"是其为欧洲人所熟知的名字，紫藤是由他的外甥从漳州带来的。

1816年5月，两艘轮船抵达了英格兰，每艘船上都带了康思国先生的紫藤剪枝。这两个姊妹植株继而又繁殖出更多植株。我照片里的这株是邱园的荣耀；它可以追溯到1820年左右，无疑是康思国先生的紫藤后代中最古老的在世者。

这株来自广东的紫藤最初被认为跟热带水果一样脆弱。因此，它在邱园最初的40年是在一个圆形温室里度过的。其实它的原产地漳州位于中国的福建省，这里的冬天冰冷刺骨。直到1860年，邱园的人们才恍然大悟。胡克可以将紫藤移出那个圆形温室了。总之，那种加热温室当时正在被德西默斯·伯顿的最新杰作温和温室所取代。

但是到现在为止，紫藤已将自己紧紧地附着在玻璃和钢制成的圆筒上。它在1860年被挪到了现在的位置，那棵著名的银杏树旁，人们还给它搭了跟旧式温室形状一样的架子。

如果你依旧困惑于紫藤跟多花紫藤的区别，那么就比较一下它们的茎蔓是怎么盘绕的吧。多花紫藤顺时针盘绕，紫藤逆时针盘绕。但愿我能明白这不同的盘绕方式的初衷何在。

海德公园的柳姿

在巴比伦的河边，我们坐下，
当我们想起锡安山，我们会痛哭。
我们会把我们的竖琴挂在那里中央
的柳树上。

——《诗篇》第137篇

生长在伦敦海德公园九曲湖岸边的这棵优雅的、翠绿色拖把样子的百岁垂柳的起源是什么？这棵顽强的垂柳的故事尤其复杂。

18世纪欧洲最著名的垂柳就是亚历山大·蒲柏种在特威克纳姆的垂柳。当他的朋友萨福克夫人向他展示一个从西班牙寄来的、用柳枝系住的包裹时，他告诉她"给我那条柳枝"。他把柳枝种下，后来便长成了位于特威克纳姆他家乡间别墅公园里的那棵名树。不料，一位新主人在1801年将其无情地砍倒，因为他厌倦了非得把蒲柏的垂柳展示给路过的游客们。

可是这个关于源自西班牙的那棵垂柳的故事简直让人困惑难解。而其拉丁名*Salix* *babylonica*同样令人费解。这棵18世纪古树的名字是现代植物学之父、伟大的瑞典博物学家林奈取的。他所指称的是《诗篇》中的垂柳，以色列人曾把竖琴挂在上面。我们现在才明白这些浪漫的竖琴架其实就是胡杨（*Populus* *euphratica*），只不过当时把这个古希伯来单词"*gharab*"翻译错了。

其实当植物学家们坐下来，想起他们在对垂柳的归类上弄得一团糟时，就足以让他们痛哭流涕了。

让我们穿过密布的柳茎沿原路杀回吧！垂柳起源于中国。生长在北京、上海的公园里的就是这种垂柳。过去常常有几百万人在垂柳旁边进行晨练。在瓷盘子上的柳树图案中，鸳鸯和桥边的树也是这种垂柳。在古代，这种树的剪枝显然是从中国引进的，沿着丝绸之路装在商人的马鞍包里运来的；但是这种树也一定是在以色列人的儿女们离开幼发拉底河之后才到达那里的。

1730年之前的某个时候，阿勒颇的一位叫弗农的土耳其商人将一些剪枝带到了伦敦，在特威克纳姆种下了一枝。几乎可以肯定，这棵树上的剪枝才是蒲柏的垂柳的母本。而非萨福克夫人的那个来自西班牙的包裹里的剪枝。

这是现代垂柳（如这棵生长在伦敦海德公园九曲湖岸边翠绿色拖把样子的百岁垂柳）的始祖吗？

大部分现代植物学家会回答，是也不是。现在我们所常见的垂柳是一种适应力强的杂交柳（*Salix × sepulchralis*），被认为是由独特的中国原产树种垂柳（*Salix babylonica*）跟一种适应能力强的欧洲产的白柳（*Salix alba*）杂交的产物。这种新的杂交品种适应能力更强，生命力更旺盛，其母本中国原产垂柳的嫩茎呈灰白色，而在它这里却是金黄色（因此，更早之前它的种名为*chrysocoma*，意为金黄色枝条）。

九曲湖边的垂柳

在欧洲更寒冷的区域，垂柳其实已经很少见了。在英国南部种一根剪枝吧，如果你够勇敢；它或许能在霜冻中挺过来。你甚至可能会发现从那棵著名的垂柳上剪下来的枝条现在正生长在圣赫勒拿岛拿破仑的墓旁。在那棵树死之前，从上面剪下来的枝条被送往全世界的拿破仑的粉丝们。

最好是去中国直接剪你想要的垂柳枝条。我期待能从历代中国帝王的坟墓里获得某种高雅的东西。

丘陵山上不断繁殖的哀悼者

离著名的火葬场，沃金附近的布鲁克伍德大墓地，仅有几英里的地方生长着被封为大概是全英最疯癫的水青冈。

它体型巨大，长得怪异，枝叶垂落，长在纳普山苗圃里，树枝编织成一个巨型穹庐和许多80英尺（约24.38米）高、分开的尖顶，遮住了半英亩（约2023.43平方米）的地面。

没有哪种欧洲树种像本土的欧洲水青冈那样任性地生出如此怪诞滑稽的树形（在植物学家们看来是突变或芽变）。欧洲水青冈品类繁多。有长着金黄色叶子亮丽宜人的"兹拉塔"，有长着类似蕨类叶子、富有浪漫情调的"铁角蕨"，有长着紫色叶子忧郁的"紫"，还有叶子卷缩、紫色、类似蕨类叶子混杂的"罗哈尼"。

丘陵山上的"垂枝"欧洲水青冈最为珍贵。19世纪20年代，它显然是由法国进口而来的，是第一批到达英国的树种之一，被种在当时沃特诺已经为人熟知的苗圃里。不满足于自己的哀悼的形态，于是开始以惊人的速度繁殖"哀悼者"。靠种子繁殖是不可能的。有性繁殖的诸多变异通常能恢复本性。也就是说变异会回复。丘陵山水青冈的每个树枝会"压条生根"，换言之，在其与地面接触的地方会生出新的一株水青冈来。最老的那些树枝生出的新水青冈80英尺（约24.38米）高；其他的树枝或俯冲或低垂或狂乱地抱成团。

在我的这张照片（左页图）上，你们可以看到其繁殖的过程。前景中是其原初的树干，树基处分成两股，后面瀑布般地倾泻下来的树枝又形成新树。

最初，进口到丘陵山的这种"垂枝"欧洲水青冈只有五棵。不妨想象一下，如果这五棵树都起来反叛，那将会使何等的危机！但是其中的四棵表现得很理智。只有这棵变成了一丛水青冈林。

左页图：丘陵山上的"垂枝"欧洲水青冈

韦克赫斯特的腐根土

……也没有树生长在这里，
但是什么是由充满仁爱灵魂的
魔法果汁喂养的；劈开它们的
树皮借着苍白的月光午夜起舞。

——纳撒内尔·李，《俄狄浦斯》

在韦克赫斯特，邱园在萨塞克斯郡浪漫的边区村落，有一条惊险而刺激的小径，横穿树林，人称"岩石路"。关于它的起源人们知之甚少，它好像是19世纪早期开凿微型砂岩悬崖，地质学家称"阿丁莱床"时开辟出来的。当你沿着这条路行走时，深吸一口地牢和墓园里的空气，你应该有一种哥特式的恐惧感。粗壮的黑色红豆杉，这片树林中的天然居民，与蓝绿色砂岩夸张的造型对比鲜明（见右页图）。你期待能遇到一个岩洞，或者一两具尸骨架。可是那里真是没啥可说的，连一个隐士都没有。

然后，随着你的双眼不断地适应那里的黑暗，你会发现，那个地方确实有点阴森可怖。红豆杉的树根就像是脚一般越过——或疾走或溜行——这些蓝色陡峭的砂岩扎进了新的土壤里。它是腐根土，不是假山石——并且是个蛇洞。

当然它们是在水土流失的作用下被驱赶到这里的。萨塞克斯郡的两百个冬天把这些岩石侵蚀得干干净净，像舞台布景一样一尘不染。如果你打算朝拜这些曲折迂回、裸露在地上的树根的话，我不建议月夜里去。

韦克赫斯特岩石上的红豆杉

第五部分

幸存者

遗迹和废墟

　　你不是废墟，先生——不是被雷电劈过的树：你青翠欲滴，活力四射。无论你是否允许，植物都会围着你的根生长。

——夏洛特·勃朗特，《简·爱》

（简·爱写给罗切斯特先生，在他火灾中失明之后）

左页图："赫恩的栎树"第一候选

第162—163页图：温莎大公园里的"菟丝子"

在温莎寻猎"赫恩的栎树"

佩奇夫人：

　　流传着一个古老的传说，话说曾经这在温莎林这里做过看护人的猎手赫恩，孤魂一到冬天就出现在寂静的午夜，头上长着参差不齐的大鹿角，绕着一棵栎树游荡。他一出来树木就枯死。

　　——莎士比亚，《温莎的风流娘儿们》，第四幕，第四场

　　猎手赫恩，温莎林里的看护人，在一棵栎树上吊死了。之后，他的孤魂就在那里出没。这个传说在莎翁时代就很古老了。可是这棵曾经为人所知的"赫恩的栎树"今天还能辨认出来吗？

　　如果一棵16世纪枯死的树，四个世纪之后仍然能被找到，死也好，活也罢，这肯定会是一件怪事。但是在这些"菟丝子"身上似乎一切皆有可能，"菟丝子"是温莎大公园里那些被截去树冠的老栎树的传统名号。

　　根据树木勘测员威廉·孟席斯在1864年的记录，我们可以清楚地判断，"菟丝子"的种植年代要早于伯利勋爵为了获得木材而在1580年所种下的栎树。

　　简言之，"菟丝子"从中世纪以来都是自生自长的栎树。然而，成群结队地前往温莎赏景的游人们，甚至都懒得回一下头，

右图："赫恩的栎树"第二候选

当它们极速驶过时——其实或许真会发生危险，如果他们回头的话。

那么哪一棵栎树才是赫恩的呢？

1838年，约翰·克劳迪厄斯·劳登，在他的里程碑式的著作《英国的植物园》中列出了温莎公园里的两棵可能是"赫恩的栎树"。这两棵树都死了，今天也都找不到了。

我自己的看法是如果"赫恩的栎树"不在了，那么它需要被创造出来。因此，这里有三棵可能的候选树。

它们是在1996年的2月和3月黎明后被拍摄的。树表裹着冰霜的那棵树跟赫恩的表情最像，因此我的票投给它。

黎明寻找"赫恩的栎树"是一项很挨冻的工作。根据历史所言，曾经的两棵"赫恩的栎树"一棵生长在沼泽地里，一棵跟"征服者威廉的栎树"一样在土壤里扎得根更牢固。长期以来，"征服者威廉的栎树"被认为比"赫恩的栎树"更古老——甚至是这片森林中最古老的栎树。

我选出的那棵"赫恩的栎树"生长在克兰伯恩大门旁边浅红色看守小屋的对面，在一片小栎树林边上，这片树林里或许还生长着一些它的后代。它处于衰朽的状态至少有两个世纪了。然而在其树围为27英尺（约8.23米）的中空树干上仍承载着几吨重的幼枝。

"我们在里面吃过午饭"，伯内特教授写道，"时间是1829年9月2日：里面能容得下至少20个人站着，10到12个人很舒服地坐下吃饭。我认为，在威利斯家和在会馆里跳四方对舞的空间比这还小。"

"征服者威廉的栎树"现在被监管公园的

左图：征服者威廉的栎树

"赫恩的栎树"第三候选

皇家地产委员们精心地守卫着。我之前去看它时，被一个带对讲机的人拦下来，他问我在做什么。听说我在拍照，而不是打算在里面坐下来跟十来个人吃饭或跳一支四方对舞，他好像松了一大口气。

伊夫林的"大栗树"

迄今在英国记载最完备的古树是生长在格洛斯特郡托特沃思教区教堂旁边的那棵巨大混乱的欧洲栗。不幸的是，对它的记载跟这棵树一样混乱。

很显然，欧洲栗（*Castanea sativa*）是进口来的——或许罗马人引进这种树是为了吃其坚果。它是南欧大山里土生土长的树种。在埃特纳山上，生长着一个古老的庞然大物，"百马树"，自文艺复兴以来就为游客们所熟知。可是托特沃思的那个庞然大物到底多大了呢？约

翰·伊夫林，在1644年写道时称，"大栗树"在12世纪就一直是一棵边界树。

我们初次看到托特沃思的栗树是在基普的鸟瞰图里，这张鸟瞰图翻印在罗伯特·埃特肯爵士著的《格洛斯特郡的古今》（1712）中。那棵树长在公园的一面墙边。埃特肯写道："公园里长着一棵奇特的栗树，归勋爵宅邸所有，传统的说法是它在约翰一世统治时期（13世纪）就一直生长在那里；绕树一周有19英尺（约5.79米），看上去像是几棵树抱在一起长成的；年轻的树仍

在生长，早晚会并入到其古老的躯体中。"

更多关于其表观年龄的细节是在半个世纪之后由彼得·柯林森给出的，他是业余树木学家的领头羊，在1762年和1766年为《绅士杂志》写稿。生长在"托特沃思（原名），又名泰姆沃斯"的大栗树"树围52英尺（约15.85米），如果不是体型最大的树，那也很可能是英国最古老的树。"柯林森将它追溯到9世纪，其依据有点站不住脚："我可以合理地确定它是由埃格伯特国王统治时期公元800年的坚果生长而来的。"

19世纪见证了此树声誉迅速崛起成为神树的过程。雅各布·斯特拉特为其制作了石版画（见左页图），乔治娜·莫尔顿为其制作了平版画，还有一位匿名诗人为其吟唱小夜曲（其打油诗刻在树旁的一块匾上，仍然历历可见）。然而，正如埃特肯在一个世纪前所预测的，旧木与新木在它身上已合为一体，难以分辨，因此就其大小而言，没有哪两个人会意见一致。哪里是新树干的头，哪里又是老树干的尾？1791年其所公布的树围是44英尺4英寸（约13.51米）。1825年，斯特拉特量得其树围为52英尺（约15.85米），这真是他自己测量的还是干脆借用了前一个世纪的测量结果呢？斯特拉特再次强调之前的那个论断，说它很可能是英国最古老的树。

今天这棵大栗树疯长成势，那些古墙已消

失。有人用篱笆隔开使其不受牲畜的破坏。这让新树干与新树枝朝四面八方猛长。现在我用卷尺测量的老树树围是36英尺（约10.97米）：更像是一帘瀑布，巨大、半衰朽的样子却爆发出新的生命——包括一些我种在我的花园里的多余的坚果。

其年龄之谜仍未破解。约翰·伊夫林时代的那棵"大栗树"现在多大年龄呢？不是英国最古老的树。柯林森和斯特拉特在那一点上是错误的：就活多久而言，红豆杉才是终极的赢家。劳登认为肯定是罗马人将它种出来的。那一定也是错误的。但是其主干1100岁是有了，也就是说，在斯蒂芬国王当政时就算是古树了——即便我们不需要跟随柯林森一路追溯到埃格伯特国王的坚果。

克罗姆的囚徒

自然之道排除节外生枝，但节外生枝总是要冒出来。

——贺拉斯

克罗姆大红豆杉——长在弗马纳郡厄恩湖岸上的克罗姆古城堡的废墟旁——在包括埃尔威斯和亨利在内的专家们的几部著作里占据重要的位置，其实这两位对红豆杉本可以了解得更深入。

　　克罗姆大红豆杉其实是两棵红豆杉，它们仅隔几步之遥，一棵是雄红豆杉，一棵是雌红豆杉。它们是双胞胎，却长得远不一样，是两棵迥异的巨树怪，并且出乎意料地鲜为人知。

　　我把那棵雄树的照片拿给一位野营者看，她的颜色鲜丽的帐篷刚刚在那一圈深绿色的树枝旁搭起。"你觉得这个树怎样？"我问道。"太棒了"，她回答。"它在哪里呢？离这里远吗？我想看。""20英尺（约6.10米）远吧。"她怔了一会儿才明白这个世界奇迹不是在爱尔兰的其他地方，而是离着我们站的地方只有几步之遥。

从外面看，说真的，你看不出那里有两棵树。你所能看到的就是厄恩湖旁那个古城堡里被遗弃的花园里有一个由树枝盘绕纠结而成的穿庐。里面，你会看到一片巴洛克式的混乱场景，最近全国托管协会派人对其进行了粗粗地修剪，才多少有了点秩序，现在庄园的这片区域归其所有。

这对双胞胎树显然是在17世纪由现在的厄恩勋爵的一位祖先种下的，目的是为他的城堡建造一个巴洛克式的花园。这两棵树又被修剪回到流行的规则式庭园的风格。双胞胎中的哥哥修剪成了树篱的形式（见第172页图）。妹妹（结出鲜红色球果，见第173页图）被固定在一个木框上，并且被绑在34根砖柱子上。在它幽暗的树荫里——人们可能会认为更像是地牢而非避暑凉亭——厄恩勋爵常常款待他的朋友们。

大约在1833年，当时的厄恩勋爵终于妥协了；至少有34根砖柱被16根栎木柱子所取代。然后他就过世了。下一任厄恩勋爵丢弃了那个避暑凉亭。他在半英里（约0.8公里）外的湖边为自己修建了一座新城堡，于是这两棵双胞胎树又被放回了大自然中。

因此我们今天才有了这两棵被解放了的树怪。自然已挣脱了规则式树篱和避暑凉亭（还能看到有根柱子）的束缚，自由放任，生长繁茂。

我希望全国托管协会对它们的修剪到此为止吧。看到这对双胞胎兄妹再回到囚徒一般的生活，我会是何等难过！

飞机跑道旁的庇护所

正如大部分留在英国的古老的红豆杉，哈灵顿红豆杉也在一片教堂墓地里找到了庇护所（见下图）。可是这个庇护所很奇怪：位于乡村教堂、一棵古雪松、M4高速路的南部车道和仅有1英里（约1.61公里）远的希思罗机场跑道的东端之间的一片乐土。

18世纪时估算此树有80英尺（约24.38米）高，在欧洲即使不是最高，也算得上是最高的红豆杉之一。当时它被用作教堂的塔楼。

> 欢迎所有来客
>
> 好人也好坏人也罢
>
> 来攀登这棵树塔
>
> 塔顶远眺，一览无余
>
> 正如站在纪念碑上。

第176页插图上的这首1729年创作的歌谣的作者，据说是约翰·萨克西，他是被雇来修剪此树的。

> 主人，你若夸赞这些叙事诗
>
> 屈尊赞扬修树师傅萨克西，
>
> 用红豆杉而非月桂给他奖赏。

1729年的哈灵顿红豆杉

要善待为你修树的约翰，

他虽然修树时诗文信口拈来，

而四肢却疼痛难耐。

约翰·萨克西一定是为了挣口饭吃，才迫不得已将这棵树修剪成一个80英尺（约24.38米）高的树雕，修剪它的双行环、锥体、球状物和风信鸡。他并未告诉我们它的年龄，大概他自己也不知道。它已经"不朽了"，因为它是完全中空的。

这太奇怪了！但她已成为不朽

渐深的年岁摧毁了其他的情郎

她的体内其实没有如此完好健康

她从头到脚都是一片空荡。

无疑这些精美的修饰已不再时尚。19世纪初，当一座新的教堂钟塔落成之后，这棵树又恢复到原来普通的装扮。可是衰老并没善待它。现在这棵树高只有两个世纪之前的一半，有一半的下层树干已腐烂。但是如果你在一个夏日，不顾汽车与飞机的轰鸣，夜游哈灵顿，你仍然能隐约看出1729年的树雕：离地面10英尺（约3.05米）高处的下面这个圆环的轮廓，在这张照片的右边部分依然清晰可见。

鲍索普的家宠

时间造就了过去的你，林中之王

时间造就了现在的你，猫头鹰

栖息的巢穴……

——威廉·考珀，《亚德利栎树》

1996年5月我拜谒了林肯郡的鲍索普，这是我为创作此书而作的最后一程。

与跟其合称栎树双王的弗雷德的"陛下"（见第14页图）相比，鲍索普栎树（见右页图）看起来像个老寿星。它就像是一个顶部长有树枝的树洞。它是否如一位名叫艾伦·米切尔的专家所说的有1000岁吗？我们唯一知道的就是它从1768年就"一直处在衰朽的状态，跟那些更老的居民和祖辈们记忆中的一样"。后来这个中空的树干被打光磨平，用做了一个房间，鲍索普的乡绅可坐在其中跟20位朋友一起进餐。

鲍索普公园的历位乡绅早已不在人世了。现在的主人是一名勤劳的农场主，名叫亚历克·布兰查德，满心自豪地带我从他的梯田和游泳池那里出发，穿过田野来看这棵树。我看到它时，屏息凝神。它似乎要长满整个田野。过去，他曾把此树用来当马房。"一匹新森林马就是在那里把头卡住的，我们只好用绳子拴住头才拉出来。"

当我带着照相机回来时，他的六个孙子孙女——乔希、丽贝卡、埃玛、尼克、乔治还有哈丽雅特——都加入到我们当中。他们把此树当成是家宠来炫耀。他们轻轻地亲抚它，爬到它身上——接着飞出一只栖息在里面的鸟，他们说是一只纵纹腹小鸮。然后我们就进去了。树干上割出了一扇门，这扇门在过去的200年里一直是半关着的。里面真能容得下20个人用餐吗？孩子们向我保证说，能容得下。然后我们量了一下如今可用来用餐的空间，是9英尺（约2.74米）长6英尺（约1.83米）宽。

在被蛀虫大肆破坏的树内壁上，我们注视着那些被刻进平滑的树内壁里的涂鸦。埃里克告诉我，他发现的一些铭文可以追溯到18世纪，我所发现的最早的题字日期是1816年。那里还有更现代的铭文留言。

我想起了考珀的那首写在破败的亚德利栎树上的诗，"猫头鹰的巢穴"。克莱夫就是在这个鲍索普栎树洞里向卡萝尔表白说，他如痴如醉地爱着她。

为吉尔伯特·怀特的红豆杉祈福

自打吉尔伯特·怀特牧师于1789年发表了其著作《塞尔伯恩的自然与古迹》以来，汉普郡塞尔伯恩教堂庭院里的那棵老红豆杉就成了英国最知名的红豆杉之一。吉尔伯特·怀特告诉我们，它距离地面3英尺（约0.91米）位置的树围已达23英尺（约7.01米）：低矮敦实，每年4月会向教区居民身上抛撒花粉（雄红豆杉都会），让人猝不及防。

大约200年之后，艾伦·米切尔，英国的树迷领军人，拿卷尺绕树一周，发现它长得太慢了——200年里只长了3英尺（约0.91米）——他估算它有1400岁了。

如果米切尔是对的，那么塞尔伯恩的那棵大红豆杉应该像许多生长在教堂里个头类似、甚至更大的老水青冈那样，要比当地的教堂早几百年出现，而且可能自从德鲁伊时代开始就已经是一棵圣树了。在米切尔来访几年之后，考古发掘的结果证明，此树的确比埋在教堂墓区里最早的坟墓还要早。

可悲的是，此树挺过了那么多磨难，可到头来却被1990年1月的那场大风给摧毁了。起初，教区牧师希望能让这棵被风袭击的树重获新生。他当时一定是在阅读自己复印的怀特的《塞尔伯恩》，因为怀特讲述了1703年的那场狂风暴雨之后，教区居民如何努力扶起一棵巨大的、摔倒在地的栎树的整个经过。这棵树是"老少的快乐之源……老人坐在那里严肃地讨论，年轻人则在嬉戏和舞蹈"。

在1990年，教区牧师跟他的教区居民们温柔地把那棵大红豆杉的树冠截了下来。然后借了一辆吊车，将这个无头的树身扶正。牧师写了一则通知，敦促那些忠实的信徒为此树祈福。当时生命的火苗还是很明显的：其饱受创伤的树肚里蹿出的嫩叶呈现出一派新绿。但生命之火后来还是熄灭了——正如300年前，吉尔伯特·怀特的祖辈们试图让他们的巨大的栎树重获新生，但生命之火最终还是熄灭了一样。

当我拍摄这张照片时，牧师的祈福似乎并未如愿，但是人们很明智地把树留在了那里，作为吉尔伯特·怀特不朽的甲虫纪念碑：成群的甲虫寄生在树上，而吉尔伯特·怀特对甲虫的爱跟对树的爱一样深沉。

右页图：塞尔伯恩的红豆杉

查茨沃思的死亡

300年成长，

300年生存，

300年衰亡。

——按照一则古训的说法，

这就是一棵栎树的一生

1845年对于穷人来说是"挨饿的四〇年代"中最艰难的时期，对于富人来说却是大兴种树的黄金时代。威廉·乔治·斯潘塞·卡文迪什，德文郡公爵六世，是个单身汉，有幸拥有比欧洲的许多君主都多的钱财，他带领游客到查茨沃思庄园的新松树园里观光游览，在他的七套家族宅院里属查茨沃思庄园最气派。

他把这次游览写进了同年著的《查茨沃思指南》里，他兴高采烈，有点自满是情有可原的。他跟约瑟夫·帕克斯顿携手将查茨沃思的花园打造成全英最著名的花园。

"花园里的杉树很美，还生长着一棵高挑的落叶松，老管家还记得它是种在花盆里作为罕物从维尔贝克引进的。靠水的地方长着一株优良的智利南洋杉，是我见过的最老的一棵智利南洋杉。另一边是一棵花旗松，加利福尼亚的骄傲：1829年才达到帕克斯顿先生的帽子的高度，1845年就达到了35英尺（约10.67米）……这个地方……备受人们的赞赏，但是来旅游的团体中从来都没有两个人对它的看法一致；一个人赞美其美丽的风光，另一个人则狂喜于那里的老栎树……"

不愧是公爵啊，将这些老栎树——他庄园上最老的家仆——都铭记在心。它们的年龄甚至让卡文迪什家族成了新贵。当卡文迪什家族于16世纪到达查茨沃斯时，这些栎树一定早已在这里效劳了数个世纪。

现在这些老家仆已退休在老鹿苑里养老，老鹿苑在上了锁的大门后面，免受闯入者的打扰。它们的庇护所就在维多利亚松树园后面。它们的看护人把我带去那里，他也负责照看鹿。那些树甚至比生长在温莎大公园里女王的"菟丝子"还要奇特——诗意更浓、哥特风更重。

它们的洞穴外面的蕨丛，是雌鹿安放幼鹿的地方。这里耸立着100棵老栎树，层层叠叠地沿着陡峭的山坡向上生长。大部分看起来像是中世纪的树：换言之，它们已抵达生命的最后300年——"衰亡的300年"。有些已经死亡，死尸一般挺立着，人手模样的树枝向四面伸展着。我的照片里选了其中两棵。

"你应该在月圆之夜来看它们"，鹿苑看护人说，"这些树看你的样子很怪异。"我认为它们在大白天看我们的样子就已经够怪异了。

新来者

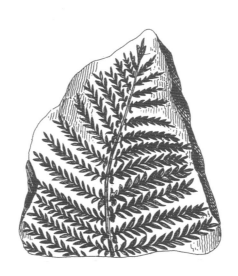

　　"那棵树上肯定住着一个神，"一位60岁的老村民通过一位讲解员跟我们说，"走了这么多天，它是我们所见到的最大、最强壮、最直的树木，比我们所见的其他任何一棵树都大。"

——米尔顿·西尔弗曼，《寻找水杉》，1990年

左页图：剑桥植物园里的水杉

来自磨刀溪的古树

发现一个活化石——一棵先前只能从几百万年以前已死去的树的化石标本那里才能了解到的树——无论如何都是一件大快人心之事。但是1941年在中国发现的水杉（*Metasequoia glyptostroboides*）之所以非同寻常，是因为它是在整个20世纪所发现的唯一重要的、适应能力强的树属。

1994年，在距离澳大利亚悉尼一小时车程的蓝山里发现了一种引起轰动的新树属——凤尾杉属，也是一个活化石。但是要证明它能够适应我们这里的气候，换言之，能在英国或爱尔兰户外生长茂盛，是不可能的。

照片上我拍摄的这三棵水杉正健康苗壮地生长在剑桥，现在已经60多英尺（约18.29米）高了，它们在1948年才被种下，由从中国运来的第一批种子生长而来。

发现此树的经过读来就像是一部植物探险小说。1941年在战时的日本，一天一位名叫三木茂的古植物学家正在盯着显微镜看，突然注意到，源自美洲的、贴着标签"*Sequoia*"（北美红杉）和"*Taxodium*"（落羽杉）的化石标本上有奇怪之处。成对的叶子是互生叶，不是对生叶，正如落羽杉的叶子那样。没多久，他发表了一篇文章称自己发现了一种新的化石属，命名为"*Metasequoia*"（意思是类似北美红杉）。

就在同一年，3000英里（约4828.03米）之外的地方，有个名叫干铎的小伙子被派去调查磨刀溪那里可利用的林木储备，磨刀溪是靠近四川东部长江段的一个小村庄。尽管他是受过培训的林业员，却困惑于所见到的生长在村庙旁的一棵老针叶树。当地村民称其为"水杉"，但这个名字对他毫无意义。由于此树每年都要落叶，因此他要等到来年春天才能让当地的小学校长采集叶子标本给他送去。然而标本却寄丢了。时光荏苒。直到1946年，这种树的标本才到达胡先啸教授的手里。当时他是北京某植物研究所的所长，并且读过三木茂写于1941年的文章。胡教授得出了一个令其震惊的结论：这就是三木茂所描述的那种植物。在世界的其他地方绝种之后过了300万年，它依然在磨刀溪健康地生长。他将其命名为*glyptostroboides*，意指"类似水松"。

1947年，哈佛大学阿诺德植物园资助了一个中国考察队去磨刀溪。到1948年1月，一包一包的树种被送往世界各地的植物园。

右页图：剑桥植物园里的水杉

这时，水杉尝到了自由的甜头。这种分布区曾缩小到只有四川东部的一座小山谷（后来在邻近的几座山谷也有发现）的树木再次在世界温带地区的各处生长。它对生命的渴望是非凡的。石质土、白垩土和酸沼似乎都不会让它畏惧。从磨刀溪的这棵老树上繁殖、栽种出来的几十万棵树分别生长在欧洲和北美洲。300万年之前它就生长在这些地方。

我所知的生长在英国最优良的三棵水杉都在剑桥，第一棵拍摄于春季的伊曼纽尔学院，其余两棵拍摄于秋季的植物园。

如果你想要在你的草坪上种一棵树，我会强烈推荐水杉。它

的叶子秋天会变成淡红色。它看起来像一棵落羽杉，但比落羽杉长得快两倍，而且更能容忍椴树。

我要提醒一句。没人敢说你的水杉能长多高。萨塞克斯郡利奥纳尔德斯利的那棵已长到了91英尺（约27.74米）。我敢肯定，它很乐意回到欧洲和美洲。它现在都不耐烦了，它有300万年的时间要弥补。

左页图、上图：剑桥，植物园里的第二棵水杉

树木清单

経过完整测量的树王
NT 英国国家信托基金
EF 英国林业局
√ 面向公众开放
× 不面向公众开放

❶ 15页
夏栎 ❄ ×
Quercus robur
高24米（80英尺）
胸径338厘米（12英尺）
树围12米（40英尺）
肯特郡，弗雷德

❷ 17页
欧梣 ❄ ×
Fraxinus excelsior
高12米（39英尺）
胸径281厘米（9英尺）
树围9米（29英尺）
萨默塞特郡，克拉普顿庄园

❸ 18页
欧洲红豆杉 √
Taxus baccata

萨里郡，坦德里奇教堂
教区牧师

❹ 21页
夏栎 √
Quercus robur
爱尔兰韦斯特米斯郡，塔利纳利
托马斯·帕克汉姆

❺ 23页
夏栎 √
Quercus robur
爱尔兰奥利法郡，查尔维尔城堡
私人

❻ 24页
欧洲水青冈 ❄ √
Fagus sylvatica
高33米（108英尺）

胸径2米（7英尺）
树围7米（22英尺）
爱尔兰韦斯特米斯郡，塔利纳利
托马斯·帕克南

❼ 28页
欧洲赤松 √
Pinus sylvestris
因弗内斯郡，罗西莫库斯
约翰·格兰特

❽ 31页
毛桦 √
Betula pubescens
因弗内斯郡，罗西莫库斯
约翰·格兰特

❾ 32页
欧洲水青冈 √

Fagus sylvatica

伦敦市白金汉郡

伯纳姆水青冈园

⑩ 38页

欧洲落叶松 √

Larix decidua

泰赛德区，邓凯尔德大教堂

邓凯尔德大教堂

⑪ 41页

欧洲冷杉 √

Abies alba

阿盖尔郡，斯特隆

约翰·诺布尔

⑫ 42页

欧洲椴 √

Tilia × *vulgaris*

兰开夏郡，霍尔克

卡文迪什勋爵

⑬ 46页

花旗松 √ NT FE

Pseudotsuga menziesii

高64米（212英尺）

胸径132厘米（4英尺）

树围4米（14英尺）

泰赛德区，邓凯尔德赫米蒂奇

⑭ 48页

北美红杉 ×

Sequoia sempervirens

赫里福德郡，惠特菲尔德宅院

乔治·克莱夫

⑮ 51页

巨杉 √ FE

Sequoiadendron giganteum

格洛斯特郡，韦斯顿伯特植物园

⑯ 55页

巨云杉 √

Picea sitchensis

珀斯地区，斯昆官

曼斯菲尔德伯爵

⑰ 56页

大果柏木 √ NT

Cupressus macrocarpa

萨默塞特郡，蒙塔丘特宅院

⑱ 59页

北美鹅掌楸 √

Liriodendron tulipifera

萨里郡，邱园

⑲ 62页

黎巴嫩雪松 √ NT

Cedrus libani

萨塞克斯郡，古德伍德和尼曼斯

马奇伯爵（古德伍德）

全国托管协会（尼曼斯）

⑳ 64页

拟希腊草莓树 √

Arbutus × *andrachnoides*

萨里郡，邱园

㉑ 67页

三球悬铃木 ×

Platanus orientalis

剑桥大学伊曼纽尔学院

剑桥大学伊曼纽尔学院

㉒ 69页

栗叶栎 🌳 √

Quercus castaneifolia

高37米（120英尺）

胸径2米（7英尺）

树围7米（23英尺）

萨里郡，邱园

㉓ 70页

鸡爪槭 √ FE

Acer palmatum 栽培品种

格洛斯特郡，韦斯顿伯特植物园

㉔ 75页

爱尔兰红豆杉 √ NT

Taxus baccata 'Fastigiata'

北爱尔兰弗马纳郡，佛罗伦斯庄园

㉕ 76页

二球悬铃木 🌳 ×

Platanus × *hispanica*

高48米（158英尺）

胸径2米（7英尺）

树围5米（18英尺）

多塞特郡，布赖恩斯顿学校
布赖恩斯顿学校

㉖ 81页
银杏 √
Ginkgo biloba
萨里郡，邱园

㉗ 82页
珙桐 √ NT
Davidia involucrata
北爱尔兰唐郡，罗沃里

㉘ 85页
滇藏木兰 √
Magnolia campbellii
康沃尔郡，凯尔海斯城堡
朱利安·威廉斯

㉙ 88页
软树蕨 √
Dicksonia antarctica
康沃尔郡，赫利
赫利信托基金

㉚ 91页
银背番桫椤 ×
Cyathea dealbata
爱尔兰凯里郡，罗斯都汉

㉛ 97页
欧洲红豆杉 √

Taxus baccata
赫里福德郡，马奇马克尔教堂
教区牧师

㉜ 98页
欧洲红豆杉 √
Taxus baccata
爱尔兰凯里郡，基拉尼，马克罗斯
修道院
公共工程办公室

㉝ 103页
欧洲红豆杉 √ × NT
Taxus baccata
坎布里亚郡，博罗代尔和洛顿
英国国家信托基金（博罗代尔）
私人（洛顿）

㉞ 105页
夏栎 √
Quercus robur
泰赛德区，邓凯尔德

㉟ 108页
夏栎 √
Quercus robur
肯特郡，彭斯赫斯特庭院
德莱尔勋爵

㊱ 114页
欧亚槭 √
Acer pseudoplatanus

多塞特郡，托尔帕德尔
多塞特郡议会/英国总工会

㊲ 116页
夏栎 √
Quercus robur
诺福克郡，怀门德姆
诺福克郡议会

㊳ 123页
欧洲红豆杉 √
Taxus baccata
萨里郡，克罗赫斯特教堂
教区牧师

㊴ 125页
阔叶椴 🦇 ×
Tilia platyphyllos
高14米（46英尺）
胸径236厘米（7英尺）
树围7米（24英尺）
什鲁普郡，皮奇福德府邸

㊵ 126页
夏栎 ×
Quercus robur
诺丁汉郡，维尔贝克修道院

㊶ 131页
欧洲红豆杉 √
Taxus baccata
牛津郡山地斯托，圣爱德华教堂
教区牧师

42 134 页

爱尔兰红豆杉/欧洲红豆杉 √ NT

Taxus baccata 'Fastigiara'

萨默塞特郡，蒙塔丘特庄园

Taxus baccata

坎布里亚郡，利文斯府邸

43 137 页

欧洲水青冈 √

Fagus sylvatica

泰赛德郡，梅克卢尔庄园

蓝斯当侯爵

44 138 页

智利南洋杉 🐿 √

Araucaria araucauna

高28米（92英尺）

胸径128厘米（4英尺）

树围4米（13英尺）

德文郡，比克顿学院

比克顿学院校长

45 140 页

欧洲红豆杉 ×

Taxus baccata

泰赛德区，莫斯雷城堡

罗伯特·斯图尔特-福思林厄姆

46 143 页

爱尔兰红豆杉 √

Taxus baccata 'Fastigiata'

康沃尔郡，特里格里汉

汤姆·赫德森

47 147页

欧洲红豆杉 ×

Taxus baccata

东洛锡安郡，惠廷厄姆城堡

鲍尔弗伯爵

48 148页

北美翠柏 √ FE

Calocedrus decurrens

格洛斯特郡，韦斯顿伯特植物园

49 153页

紫藤 √

Wisteria sinensis

萨里郡，邱园

50 154页

杂交柳 √

Salix × sepulchralis

海德公园

皇家公园

51 157页

"垂枝"欧洲水青冈 √

Fagus sylvatica 'Penduia'

萨里郡，纳普山苗圃

52 158页

欧洲红豆杉 √ NT

Taxus baccata

萨塞克斯郡，韦克赫斯特

邱园/英国国家信托基金

53 166页

夏栎 √

Quercus robur

伯克郡，温莎公园

皇家委员会

54 170页

欧洲栗 √

Castanea sativa

托特沃思教堂

教区牧师

55 172页

欧洲红豆杉 √ NT

Taxus baccata

北爱尔兰弗马纳郡，克罗姆古城堡

56 175页

欧洲红豆杉 √

Taxus baccata

米德尔塞克斯郡，哈灵顿教堂庭院

教区牧师

57 178页

夏栎 🐿 √

Quercus robur

高12米（39英尺）

胸径384厘米（12英尺）

树围12米（39英尺）

林肯郡，鲍索普

亚历克·布兰查德

58 180页

欧洲红豆杉 √

Taxus baccata

汉普郡，塞尔伯恩教堂庭院

教区牧师

59 183页

夏栎 ×

Quercus robur

德比郡，查茨沃思

德文郡公爵

60 186页

水杉 √

Metasequoia glyptostroboides

剑桥大学伊曼纽尔学院/剑桥大学

植物园

剑桥大学伊曼纽尔学院/剑桥大学

植物园

参考文献

若无单独说明，下列提及书刊均出版于英国伦敦。

The Gardener's Chronicle

The Gardener's Magazine

The Garden 1-120

International Dendrology Society Yearbook 1966-95, Kew 1991-6

Bean, W.J. and eds., *Trees and Shrubs Hardy in the British Isles*, 4 vols and supp., (8th edn., 1976).

Bourdon, Robert, *Arbres Souverains* (Paris, 1988).

Bretschneider, Emil, *History of European Botanical Discoveries in China* (Reprint, Leipzig 1962).

Chetan, A. and Brueton, D, *The Sacred Yew* (1994).

Cox, E.H.M., *Plant Hunting in China* (1945).

Desmond, R., *Dictionary of British and Irish Botanists and Horticulturalists* (1977).

Elliot, Brent, *Victorian Gardens* (1986).

Elwes, H. and Henry, A., *The Trees of Great Britain and Ireland* (Edinburgh 1906-13).

Evelyn, John, *Sylva or a Discourse on Forest Trees* (1st edn., 1664, Dr A. Hunter's edn. 1776).

Fisher, J., *The Origins of Garden Plants* (1982).

Fowles, John, *The Tree* (1979).

Griffiths, Mark, *Index of Garden Plants. The New R.H.S. Dictionary* (Portland, Oregon 1994).

Hayes, Samuel, *A Practical Treatise on Planting* (Dublin 1794).

Hillier Ltd, *Hillier's Manual of Shrubs and Trees* (5th edn., 1989).

Howard, Alexander, *Trees in Britain* (1946).

Hunt, John Dixon, *The Figure in the Landscape* (Baltimore 1989).

Husscy, Christopher, *English Gardens and Landscapes* (1700-1750) (1967).

Jackson, A.B., *Catalogue of the Trees and Shrubs of Westonbirt* (Oxford 1927).

Johnson, Hugh, *The International Book of Trees* (1973).

Lamb, K. and Bowe, P., *A History of Gardening in Ireland* (Dublin 1995).

Lowe, J., *The Yew Trees of Great Britain and Ireland* (1897).

Loudon, John Claudius, *Arboretum et Fruticetum Britannicum*, 8 vols, (2nd edn, 1844).

Malins, E. and Knight of Glin, *Lost Demesues* (1976).

Menninger, E.A., *Fantastic Trees* (Reprint, Portland, Oregon 1995).

Menzies, William, *Windsor Forest as Described in Ancient and Modern Poets* (1875).

Menzies, William, *A History of Windsor Great Park* (1864).

Miller, Philip, *Gardener's Dictionary* (8th edn., 1768).

Milner, Edward, *The Tree Book* (1992).

Mitchell, Alan, *The Trees of Britain and Northern Europe* (Reprint, Collins/Domino 1989).

Mitchell, Alan, *The Complete Guide to the Trees of Britain and Northern Europe* (1985).

Mitchell, Alan, *A Field Guide to the Trees of Britain and Northern Europe* (Reprint, 1979).

Mitchell, Alan E etc, *Champion Trees in the British Isles* (Forestry Commission, 4th edn., 1994).

Nelson, E.C. and Walsh, W., *The Trees of Ireland* (Dublin 1993).

Pim, Sheila, *The Wood and the Trees. A Biography of Augustine Henry* (2nd edn., Kilkenny 1984).

Rackham, Oliver, *The History of the Countryside* (1986).

Ravenscroft, Edward J., *The Pinetum Britannicum* (Edinburgh and London 1863-84).

Rushton, Keith, *Conifers* (1987).

Selby, P.J., *A History of British Forest Trees* (1842).

Spongberg, Stephen A., *A Re-Union of Trees* (1990).

Strutt, Jacob, *Sylva Britannica or Portraits of Forest Trees* (Folio edn., 1826).

Thomas, Keith, *Man and the Natural World* (1983).

Wilks, J.H., *Trees of the British Isles in History and Legend* (1972).

Wilson, E.H., *A Naturalist in Western China*, 2 vols (1913).

Wood, P (ed.), *The Tree: A Celebration of Our Living Skyline* (1990).

Young, Andrew, *A Retrospect of Flowers* (1950).

插　图

斜体页码表示插图

图书在版编目（CIP）数据

英伦寻树记 /（英）托马斯·帕克南著；胡建鹏译. —
北京: 商务印书馆, 2019
ISBN 978 - 7 - 100 - 17250 - 9

Ⅰ. ①英… Ⅱ. ①托… ②胡… Ⅲ. ①树木 — 摄
影集②游记 — 英国③游记 — 爱尔兰 Ⅳ. ①S718.4-
64②K956.19③K956.29

中国版本图书馆 CIP 数据核字（2019）第061635号

权利保留，侵权必究。

英 伦 寻 树 记

〔英〕托马斯·帕克南 著

胡建鹏 译

商 务 印 书 馆 出 版
（北京王府井大街36号 邮政编码 100710）
商 务 印 书 馆 发 行
山 东 临 沂 新 华 印 刷 物 流
集 团 有 限 责 任 公 司 印 刷
ISBN 978 - 7 - 100 - 17250 - 9

2019年5月第1版　　　　开本 787×1092　1/16
2019年5月第1次印刷　　　印张 14¼

定价: 98.00元